餐桌上的**伪科学**

顶尖医学期刊专业评审/加州大学医学院教授
破解40多种深入人心的健康谣言

林庆顺——— 著

河北科学技术出版社

作品名称：《餐桌上的伪科学：加州大学医学院教授破解上百种健康谣言和深入人心的医学迷思》

作者：林庆顺

中文简体字版©2020 年北京品雅文化有限公司

本书由厦门外图凌零图书策划有限公司代理，经一心文化有限公司授权，同意授权北京品雅文化有限公司中文简体字版权。非经书面同意，不得以任何形式任意改编、转载。

著作权合同登记号：冀图登字 03-2019-232

图书在版编目（CIP）数据

餐桌上的伪科学 / 林庆顺著 . -- 石家庄 ： 河北科

学技术出版社，2020.7

  ISBN 978-7-5717-0309-7

  Ⅰ．①餐… Ⅱ．①林… Ⅲ．①食品安全－普及读物

Ⅳ．① TS201.6-49

中国版本图书馆 CIP 数据核字（2020）第 019022 号

餐桌上的伪科学

CANZHUO SHANG DE WEIKEXUE

林庆顺 著

出版发行	河北科学技术出版社	
地　　址	石家庄市友谊北大街 330 号 （ 邮编：050061）	
印　　刷	北京柯蓝博泰印务有限公司	
经　　销	新华书店	
开　　本	710×960	1/16
印　　张	16	
字　　数	200 千字	
版　　次	2020 年 7 月第 1 版	
	2020 年 7 月第 1 次印刷	
定　　价	48.00 元	

前言

养生保健，要依靠科学

写文和网站创立缘起

2008年，旧金山湾区的中文电视台每天都会播放一条燕窝广告。我每天晚餐的时候看到这个广告，就觉得食难下咽。此广告说香港某大学教授研究发现该品牌燕窝比其他品牌的燕窝含有更多的表皮生长因子（Epidermal Growth Factor，EGF），而美国某博士因发现EGF拿到了诺贝尔奖。因此，该品牌燕窝具有最好的养颜功效。可是，EGF是一种蛋白质，一旦被吃进肚子里就会被分解成氨基酸而失去功效。所以，在忍无可忍之下，我只好去找这位香港教授的电子邮件地址，然后跟他抱怨这个广告的荒唐可笑。从此，这个广告就再没出现过。可是，您会在乎EGF吗？可能您是第一次听到吧。那么，如果是换作胶原蛋白呢？您一定听过吧，而且大概都吃过吧。那么，胶原蛋白被吃进肚子里后，就会避免被消化，穿过肠壁，钻进皮肤吗？

2015 年，我从加州大学退休。原以为我从此可以"重操旧业"——弹琴唱歌。哪想到"交友不慎"，被哄着在第二年创设了一个能帮助大家排疑解惑的网站。我把这个网站叫作"科学的养生保健"，因为我希望它所提供的养生保健信息都是有科学根据的。科学根据的最主要来源就是发表在科学期刊上的论文。因为科学论文的发表，除了要有充足的实验数据之外，还必须通过同僚的评审，所以它的可信度比其他信息都要高。科学根据也可以是来自世界卫生组织、政府卫生单位、医学协会，或有信誉的医疗机构。反过来说，任何个人言论，纵然是出自所谓的名医，都不能算是科学根据。事实上，纵然是科学根据，也还是有强弱新旧之分的。所以，如何分辨清楚，还是得靠经验。

1983年，我拿到了博士学位。后来，我做了一件很少人能做得到的事，那就是，在完全没有指导教授或同僚的帮助下，我独立发表了研究生涯的第一篇科学论文。行内人应该都知道，一个菜鸟博士的第一篇论文通常是由指导教授主导，甚至撰写。我的指导教授却是叫我自己写、自己发表，所以，在彷徨无助、挣扎摸索了几个月后，我终于独立发表了研究生涯的第一篇论文。这样刻骨铭心的经验，可以说是深深地影响了我之后的研究与写作生涯。在此后30多年的研究生涯里我发表了近两百篇论文，而其中约半数是我亲自撰写发表的。而与此同时，各个领域的医学期刊陆陆续续地来找我做评审，包括神经科、心脏科、泌尿科、胃肠科、妇产科、肿瘤科等。在最高峰期（2013年前后）我担任评审的期刊多达60多家，包括世界排名第一的《新英格兰医学期刊》。

要发表一篇高水平的论文，一定要参考大量的文献。如此，才能引经据典，言之有理。要审核一篇论文，也一样要参考大量的文献。如此，才能公正判断，令人折服。我不论是在论文的发表，还是在论文的评审上，都有丰富的经验，而这也就是为何"科学的养生保健"是真枪实弹、如假包换的科学养生保健信息网。在每一篇文章里，我都会提供参考文献的来源，以佐证我所说的每一句话。我也会让读者知道，哪些话是科学证据，哪些话是个人意见。读者如果对我的举证或言论有任何疑问，欢迎来函，我一定会据实回答，绝不规避。

"科学的养生保健"创立于 2016 年 3 月 18 日，截至 2018 年 10 月 19 日已发表文章 460 篇。读者主要（百分之八九十）是来自台湾地区，其次是香港。台湾地区有 3 家媒体用我的名义设立专栏来转载本网站的文章，他们分别是"元气网""早安健康"及"食力传媒"。香港的"癌症信息网"也是以此模式来转载本网站的文章。另外，还有数家媒体不定期地转载本网站的文章，包括美国的《世界日报》，台湾地区的"泛科学"网站、《人间福报》、"健康云"以及《今周刊》。这些媒体都是经由我授权才转载，另外还有数不清的媒体未经我授权就转载(大多是变成他们的作品)。基于传递正确养生保健知识的理念，我不会追究。

破解流传的伪科学

本书的书名之所以会叫作《餐桌上的伪科学》，是因为绝大多数的文章是为了回答读者的提问而写，而绝大多数的提问是关于某种保健品是不是真的有效，某种食物是不是真的可以预防这个、治疗那个，或是加强这个、降低那个。这么多吃的问题，究其原因，主要是因为网络上琳琅满目的保健品、营养素，说是能补这个补那个。再加上人手一机，猛点疯传，奔走相告。但是，这里我要套句英文俗语"Too good to be true"，听起来太好的东西往往都是假的。

那么，这些"太好的东西"到底是为何而来，为何而去？下面我就举几个例子来说明。

1. "钱在银行，人在天堂"。很多父老乡亲都是如此地感叹岁月不饶人。回头看那几十年辛苦打拼的日子，总觉得如此不值。如果再不好好享受人生，照顾身体，纵然是上了天堂也还是会心有不甘。但是，怎么照顾？有机的比较贵？哎呀！有啥关系，是命重要还是钱重要？维生素、矿物质、叶黄素、虾青素、番茄红素……管它什么素，只要颜色漂亮就好。这就是所谓的照顾好身子。但是，你有没有想过，台湾地区为什么会被"誉"为洗肾王国？这还不打紧，看到什么神仙不老药，听到什么补肾固精丸，就赶快传出去，以显示自己博学多闻、神通广大。

研发治疗用的药品是需要花大量资金和时间，而且绝大多数是一败涂地、血本无归的。所以，很多所谓的生物科技公司往往会走门槛较低、不需证明疗效的保健品路线。正巧，这几年又碰上婴儿潮升格成为老人潮，所以怨叹"钱在银行，人在天堂"的人多如过江之鲫。这下子，一个爱打，一个愿挨，保健品和老人潮之间就形成了这么个完美的风暴。可是，保健品既然是入行门槛低，产品当然也就多，而竞争当然也就格外激烈。所以，想要赚钱就得耍手段搞花样，例如，请名嘴医生代言，把明明毫无疗效的东西，说成是药到病除、一针搞定。这就是为什么家家户户的餐桌上都会摆满一盘又一盘的伪科学食物。

2. "相关性≠因果性"。说句良心话，并不是所有的保健品广告（代言）都是伪科学。只不过，当真科学被错误解读时，就有可能会变成伪科学。例如，有研究发现，大肠癌病人的维生素 D 水平偏低。这是真科学。但是当它被解读成"吃维生素 D 补充剂可以降低患大肠癌的风险",就变成了伪科学。因为,"维生素 D 浓度较低"与"患大肠癌的风险较高",只是"相关性"(两者同时并存),而不是"因果性"("前者造成后者"或"后者造成前者"),更不是"吃维生素 D 补充剂"就会"降低大肠癌风险"。事实上,"维生素 D 浓度较低"有可能是因为病人患了大肠癌(或其他任何癌症)的关系。也就是说,是癌症导致病人无法摄取或合成足够的维生素 D。所以,在这种情况下,医生应该是要帮助病人恢复摄取或合成维生素 D 的能力,而不是叫病人吃维生素 D 补充剂。如果是盲目地相信吃维生素 D 补充剂就能改善病情,那就有可能会错过治疗的黄金时间,造成终身遗憾。

3. **"点击率 = 钱"**。谷歌之所以会成为全球公司市值排名前几的大公司,靠的就是点击率。有点击,就有广告;有广告,就有收入。就是这样的商业模式,才会让"内容农场"如雨后春笋般,一家又一家。它们专门以耸动的标题及不实的内容来欺骗网友点击。更有甚者,它们会让保健品公司用化名来发表看似科学,但实为广告的文章。如此,保健品就可以堂而皇之地声称有疗效,有诺贝尔奖得主推荐等假新闻、伪科学。一旦有人上钩,"农场"就赚一笔,公司也赚一笔,而有人就赔了两笔。

4. **"天然就是好?"** 很多人真的是这样认为的,而很多所谓的另类医学或自然疗法,就应运而生。可是,你有没有想过,一大堆天然的东西其实是奇毒无比。例如,死神菌,保证是天然,但也保证是死神的礼物。反过来说,维生素片可说是一点都不天然,但是为什么你偏偏又大罐小罐地买,大瓶小瓶地吃?这不是很矛盾吗?还有,当你自己或你的至亲被诊断出得癌症时,你是会选择化疗、电疗、手术，还是自然疗法？很多人会选择自然疗法，因为他们相信只要喝喝果汁，吃吃草药，就可以轻松搞定。就连世界公认的天才乔布斯都是这样认为的。只不过，到头来，临走前，也只能悔不当初。

上面这几个例子，只是将网络上五花八门的养生保健信息做了个笼统的介绍。真正的情况绝对是更加精彩有趣。所以，就请你开始享用这一桌"山珍海味"。

补充说明：若读者有关于本书中提到之外的健康疑问，也可以到我的网站"科学的养生保健"中，利用右上角的"关键词搜寻"来搜索文章。若是之前没有出现过的问题，你也可以通过网站左上方的"与我联系"写信给我，我会尽快查证之后回复。

目 录
Contents

Part 1
好食材，坏食材

椰子油，从来就没健康过 003

茶的谣言，一次说清 010

鸡蛋，有好有坏 018

食用牛奶致病的真相 022

还味精一个清白 027

代糖对健康有害无益 030

红肉、白肉说分明 033

常见的有机疑惑 036

蔬果农药清洗方法 041

冷冻蔬果的营养评估 045

转基因食品的安全性 049

瘦肉精争议，不是食品安全问题 055

红凤菜有毒传言 059

西红柿和马铃薯的生吃疑云 064

铝制餐具和含铅酒杯的安全性 068

Part 2
补充剂的骇人真相

维生素补充剂的真相（上） —— 075

维生素补充剂的真相（下） —— 080

维生素 D，争议最大的"维生素" —— 083

酵素谎言何其多 —— 088

抗氧化剂与自由基的争议未解 —— 091

益生菌的吹捧与现实 —— 094

戳破胜肽的神话 —— 101

鱼油补充剂的最新研究 —— 106

胶原蛋白之疑惑 —— 110

维骨力，有效吗？ —— 116

Part 3
重大疾病谣言释疑

癌症治疗的风险 —— 125

咖啡不会致癌，而是抗癌 —— 129

地瓜抗癌，纯属虚构 —— 134

微波食物致癌是疑惑 —— 137

常见致癌食材谣言 ⋯⋯⋯⋯⋯⋯⋯⋯⋯⋯⋯⋯ 141

浅谈免疫系统与癌症免疫疗法 ⋯⋯⋯⋯⋯⋯⋯ 147

阿尔茨海默病的预防和疗法（上）⋯⋯⋯⋯⋯ 152

阿尔茨海默病的预防和疗法（下）⋯⋯⋯⋯⋯ 156

胆固醇，是好还是坏? ⋯⋯⋯⋯⋯⋯⋯⋯⋯⋯ 160

50 岁以上的运动通则 ⋯⋯⋯⋯⋯⋯⋯⋯⋯⋯ 164

阿司匹林救心法 ⋯⋯⋯⋯⋯⋯⋯⋯⋯⋯⋯⋯ 168

Part 4
书本里的伪科学

似有若无的褪黑激素"奇迹"疗法 ⋯⋯⋯⋯⋯ 177

备受争议的葛森癌症疗法 ⋯⋯⋯⋯⋯⋯⋯⋯⋯ 181

生酮饮食的危险性 ⋯⋯⋯⋯⋯⋯⋯⋯⋯⋯⋯ 186

"救命饮食"真能救命? ⋯⋯⋯⋯⋯⋯⋯⋯⋯ 190

间歇性禁食，尚无定论 ⋯⋯⋯⋯⋯⋯⋯⋯⋯ 196

减盐有益，无可争议 ⋯⋯⋯⋯⋯⋯⋯⋯⋯⋯ 199

酸碱体质，全是骗局 ⋯⋯⋯⋯⋯⋯⋯⋯⋯⋯ 203

附录：资料来源 ⋯⋯⋯⋯⋯⋯⋯⋯⋯⋯⋯⋯ 207

Part 1

好食材，坏食材

椰子油、鸡蛋、牛奶、代糖、有机食品、转基因食物……
各种食材有好有坏的传言满天飞，哪些是真，哪些是假？

椰子油，从来就没健康过

\#椰子油、失智症、阿尔茨海默病、老人失忆、苦茶油

2017 年 5 月，我的网站"科学的养生保健"，收到一封读者 Sherry Wang 的来信。她说："教授您好，网上流传许多椰子油的好处，如预防阿尔茨海默病和降低心血管疾病等，可否告诉我们，椰子油真有这么多好处吗？另外，我们家最近都在用苦茶油，但是那个味道我实在受不了，也想了解苦茶油真的是好油吗？谢谢。"

◇椰子油由黑翻红，是因为营销操弄

其实，"椰子油好处多"是近十几年才出现的说法。在这之前，椰子油在发达国家（尤其是美国），是众所皆知的"不健康"食用油（由于它是高饱和的脂肪）。那么，为什么会有如此的一个大转变呢？答案很简单：网络。

椰子油含有 92% 的饱和脂肪酸，所以医学界一向认为它会增加心血管疾病的风险。而食用油工业（以黄豆油为主）也一直以此为由打压椰子油。但是，网络的兴起改变了这一切。黄豆油是不可能有网络商机的（这是一种大众食品，就好像白米和面粉一样）。椰子油则可以通过精美的包装，成为适合网络营销的养身保健食品及美容保养品。而营销的关键手法就是"洗脑"，即在网络上铺天盖地地散播椰子油对健康的好处。如此，制造商赚，交易商赚，自然疗师赚，博客博主也赚（但总要有人赔，那就是单纯的消费者）。

只不过，椰子油真的是好处多多吗？我查阅过所有支持的数据，所谓的证据，不是一厢情愿，就是似是而非、模棱两可或是思想过于超前。也就是说，这些吹牛的文章看看就好，不要信以为真。

◇ 椰子油与阿尔茨海默病关联尚未证实

举例来说，这几年不断有读者寄给我关于椰子油能预防和治疗阿尔茨海默病（又称老人失智、老人失忆、老年痴呆）的网络文章，其实就科学研究而言，是有几篇论文支持椰子油可改善阿尔茨海默病的症状。但它们都是发表在低水平的医学期刊上，可信度不高。反过来说，我查阅了美国、英国和加拿大的阿尔茨海默病协会的网站，上面都奉劝大家不要轻易相信。有兴趣的人可以自行浏览它们的官方网站[1]。2017 年英国的阿尔茨海默病协会最新的内容，甚至表示椰子油可能会加剧阿尔茨海默病。结论是，就科学证据而言，椰子油治阿尔茨海默病是尚未获得证实的。

如果椰子油对身体无益，那椰子油对身体有害吗？没错，几乎所有的医学证据和正规的医疗机构及组织都是这么说的。但它们也会补充说明，少量摄取不会有问题。至于苦茶油的相关研究与椰子油相比，就显得微不足道。目前，有关苦茶油对健康有益的说法，都只是基于营养成分做出来的推理，并非临床试验。所以，没有人真正知道苦茶油是否对健康有益。不过，就营养成分而言，它应当不会输给橄榄油，至于味道是因人而异。

◇心脏协会呼吁：椰子油不健康

2017 年 6 月，英国广播公司（BBC）的新闻标题是《椰子油跟牛脂肪和奶油一样不健康》[2]。同一天，《今日美国》（USA Today）的新闻标题是《椰子油不健康。它从来就没健康过》[3]。

这些新闻报道的出现，是因为此前一天，权威的心血管医学期刊《循环》（Circulation）刊载了一篇论文，其标题为《膳食脂肪和心血管疾病：美国心脏协会会长的建言》[4]。这篇论文是应美国心脏协会会长的邀请，由 12 位心血管及营养专家共同撰写。如其标题所示，论文是涵盖所有常用的膳食脂肪，并非只是椰子油。但是，由于有关椰子油的讨论最醒目，也最"颠覆"，所以引起了媒体的注意。下面是我将这篇论文里有关椰子油的讨论，所做的重点翻译：

> 最近的一项调查报告显示，美国公众中有 72% 将椰子油评为健康食品，而营养学家则是 37%。这样的脱节主要归功于椰子油在大众媒体的营销。
>
> 最近一项系统性的评估发现，在所有 7 个有对照组的临床试验里，椰子油都提高了低密度胆固醇，其中 6 个是显著提高。作者还指出，椰子油和其他高饱和脂肪食品，如奶油、牛脂肪或棕榈油，对提高低密度胆固醇没有差异。
>
> 因为椰子油会增加低密度胆固醇，导致心血管疾病，而且没有已知可以抵消的有利作用，我们建议不要使用椰子油。

请注意第一段里的"这样的脱节主要归功于椰子油在大众媒体的营销"。我在这篇论文刊出之前的一个月，就在我的网站中写过："椰子油可以通过精美的包装，成为适合网络营销的养身保健食品及化妆品，而营销的关键手法就是洗脑"，可以说与这篇论文的观点不谋而合。

事实上，对于"椰子油好处多多"的质疑，我在短短的一年多连续发表3篇文章，劝诫读者不要轻易相信。现在既然有专家们提出来，也算是不枉费我的苦口婆心。但话又说回来，我和专家们的警告有用吗？一般大众对这个新闻报道的反应是骂翻天。他们骂专家们拿了黄豆油工业的好处，是为了在职业上多赚些钱，等等。大众如此的情绪化，罔顾科学而只相信愿意相信的，实在是一个难解的结。所以，这次这个警告能改变多少人的想法，实在是不容乐观。

有关食用油的选择，所有正规医学机构都是建议尽量使用植物性的，而避开动物性的。像大豆油、玉米油及芥菜籽油这类大宗油品，是最适合用于煎炒炸，而比较娇贵（不耐高温）的橄榄油则适合用于凉拌蘸酱。至于椰子油、棕榈油、猪油、奶油等含较高饱和脂肪酸的油，我的建议是，无须忌讳（即偶尔少量），但不要一窝蜂地刻意追求。

其实，不论是椰子油、苦茶油或是其他任何食物，我给读者的建议都是这句：不要一窝蜂。没有任何食物会好到让你长生不老，也没有任何营养素会了不起到让你百病不侵。凡事适量有益，过量有害，"适量"是由多重因素决定的。

◇椰子油是十足毒药？

《哈佛教授称椰子油是十足毒药》[5]是一篇台湾地区"中央通讯社"2018年8月发布的新闻，发表之后迅速传遍全球。为什么会如此风靡？道理很简单：近年来网络上铺天盖地宣传椰子油的好处，尤其是可以预防阿尔茨海默病、预防骨质疏松，甚至预防心脏病等，把椰子油说成是无所不防、无所不治的神油。而如今，世界顶尖大学的教授反而说椰子油是毒药，那当然就是一颗超级的"核子震撼弹"。

但是，椰子油真的是毒药吗？非洲迦纳大学（University of Ghana）的教授及研究人员在 2016 年发表了综述论文《椰子油和棕榈油的营养角色》[6]，文中指出一个"很有趣"的现象，即椰子油使用量与心脏病死亡率成反比，我将相关的段落翻译如下：

在斯里兰卡，几千年来椰子一直是膳食脂肪的主要来源。1978 年的人均椰子消费量是相当于每年 120 颗椰子。那个时候，这个国家是世界上心脏病发病率最低的国家之一。每 10 万个死亡案例中只有一人是死于心脏病，而在美国，人们很少食用椰子油，但心脏病死亡率却至少高出 280 倍。由于"反饱和脂肪"运动，斯里兰卡的椰子消费量自 1978 年以来一直在下降。到 1991 年，人均消费量已下降至每年 90 颗椰子，并且持续下降。人们开始吃更多的玉米油和其他含不饱和脂肪酸的植物油代替椰子油。而随着椰子消费的减少，斯里兰卡的心脏发病率却逐渐上升。这种斯里兰卡现象很可能在西非的许多发展中国家也在发生。

从上面这段文章就可看出，椰子油与心脏病之间的关系，并非如那位哈佛教授所说的，一定是"因与果"。事实上，在 2018 年 3 月，剑桥大学的一个研究团队发表了一篇临床研究报告[7]。我将它的结论翻译如下：

与橄榄油相比，主要是饱和脂肪的两种不同膳食脂肪（奶油和椰子油）似乎对血脂具有不同的作用。就对 LDL（坏胆固醇）的影响而言，椰子油是比较像橄榄油。不同膳食脂肪对脂质特征，代谢标志物和健康结果的影响可能不同。这些不同，不仅需要根据其主要成分脂肪酸的饱和或不饱和的一般分类，也可能需要根据个体脂肪酸的不同特征，加工方法以及它们的消费或饮食模式。这些研究结果并未改变目前对于减少饱和脂肪摄入量的建议，但强调需要进一步阐明不同膳食脂肪与健康之间更细微的关系。

从这个结论就可看出，虽然椰子油和奶油都含饱和脂肪酸，但是，就对心血管疾病的标志物而言，椰子油却比较类似橄榄油。而这也意味着，脂肪对健康的影响，不可以单纯地以饱和或不饱和来区分。所以，这又再度指出，椰子油对健康的影响，仍然是不清楚的。

看到这里，读者可能会一头雾水。怎么我前面说椰子油的坏话，但却在后面说椰子油的好话。没错，我是故意的，当大家疯着说椰子油有多好时，我就要拉一把；当大家疯着说椰子油有多坏时，我也要拉一把。用意是希望读者不要不明就里地踏入有心人士设下的圈套。

经常看我文章的读者就会知道，我一向主张均衡饮食和有恒运动，并一再劝导别一窝蜂地相信某某食物或营养品（包括维生素片）会防这个、治那个。我也一再提醒要小心任何颠覆性的言论，"椰子油是十足毒药"就是哗众取宠的颠覆性言论。

✒ 林教授的科学养生笔记

不健康的椰子油在近十几年摇身变为健康好油，是因为网络包装和大众媒体的营销。

就科学证据而言，椰子油治疗阿尔茨海默病尚未获得证实。

几乎所有的医学证据和正统的医疗机构及组织都说椰子油对身体有害，但少量摄取不会有问题。

所有正规医学机构都是建议尽量食用植物油，避开动物油。

茶的谣言，一次说清

#便秘、贫血、钙质铁质吸收、铅氟过量、农药

有关茶对健康的好处，已经有相当多的研究报告。在一篇 2014 年发表的《茶与健康：关于现状的报告》[1]综述论文里，就指出茶可以减肥瘦身，也可以降低患心血管疾病、退化性神经疾病以及癌的风险。

但是，关于喝茶坏处的谣言，在网络上倒是从来没有消停过。所以我会在这篇文章里将喝茶的一些疑惑做个整理，并一一解答。它们分别是：喝茶是否导致便秘、缺钙和贫血，茶是否可以算入每日的水分摄取量，是否该担心摄取过多茶叶中的铅和氟，以及农药残留的问题。

◇◇喝茶也算在每日的水分摄取量

2017 年 5 月看到一则电视新闻，里面所提供的健康信息，从头到尾没有一个是正确的。而其主要原因就是听信营养师，没有自己做功课查证来源是否可靠。这则新闻的标题是《每天须喝水 2000 毫升，咖啡和茶不算》[2]。内容的重点拷贝如下：

很多人不爱喝水，就会用茶或是气泡水这类的饮料来代替，但是你知道吗？这些通通不能算在每天需要补充 2000 毫升的水分摄取量里面！像是如果用茶当水喝，有可能会导致便秘，更会影响身体对钙质跟铁质的吸收，久了还可能导致贫血！茶里面的咖啡因会降低身体对钙质的吸收，鞣酸则是会影响身体对铁质的吸收，要喝茶可以，600 毫升就足够，当然像是咖啡、可乐，也不能列入每日 2000 毫升的水分摄取量里。

首先，有关"茶、咖啡、可乐，不能列入每日的水分摄取量里"，让我们看看美国信誉卓著的梅友诊所（Mayo Clinic）是怎么讲的[3]。原文翻译如下："每天喝八杯八盎司水（240 毫升）"应该重新定义为"每天喝八杯八盎司液体"，因为所有的液体都应当计入每日总量。诸如牛奶、果汁、啤酒、葡萄酒和含咖啡因的饮料（如咖啡、茶或苏打水）也都算数。

还有，美国最大的医疗信息网站 WebMD 这么说："咖啡和茶也算在每天的总数。许多人过去相信咖啡和茶会造成脱水，但这个结论已被推翻。"[4]再有，美国国家科学工程和医学研究院也这样讲："我们没有制订每日水摄取量的确切要求，但建议从任何饮料及食品，每天摄取约 2.7 公升（女）或 3.7 公升（男）。"[5]

总之，"茶不可以列入水分摄取量"是错的，而喝茶也绝对不会引起便秘或贫血。这些营养师应当花点功夫看医学报告，而不要只会道听途说。

◇喝茶不会引起便秘和影响钙、铁吸收

2016 年 8 月，网络上开始流传一篇文章，标题是《长期喝茶当喝水，当心

引爆三大健康危机》。这篇文章不是谣言，而是出自"华人健康网"网站，所以更需要尽快澄清。此文说，营养师程某某表示，把浓茶当开水长期饮用，可能会导致以下三种症状：便秘、降低钙质吸收和影响铁质吸收。

真的吗？首先关于便秘，文章说："根据1981年的《英国医药期刊》(British Medical Journal) 一篇研究《消费茶叶：便秘的原因？》(Tea Consumption: a cause of constipation?)指出，过量的茶碱会引起细胞外液脱水，增加肾小球过滤率和降低肾小管的重吸收，最终导致便秘的问题。"

事实上，这篇1981年的研究做的是一个非常粗浅的实验。也就因为太粗浅，作者才会在文章的标题加个问号，意思就是"不确定"。这个研究，除了作者给自己打了个问号之外，也立刻引来了批评，有人指其实验方法错误[6]。还有，1981是30多年前的事情了。30多年来，再也没出现过任何相关的研究报告。也就是说，"喝茶引发便秘"顶多只是一个30多年前的假设，而这一假设从未被证实过，也从没得到医学界人士的认同。

再有，关于"降低钙质吸收"，文章说"咖啡因会降低身体对钙质的吸收"，可是，这跟"喝茶会降低身体对钙质的吸收"是一样吗？如果咖啡因真的会降低身体对钙质的吸收，那你是不是更不应该喝咖啡了？事实上，关于喝茶是否会降低身体对钙质的吸收，目前只有两篇研究报告。一篇发表于2012年的研究发现，喝茶完全不影响身体对钙质的吸收[7]。另一篇发表于2013年的研究（用老鼠模型）发现，茶可能可以帮助停经后的妇女吸收钙[8]。所以，喝茶不但不会降低身体对钙质的吸收，甚至还可能会促进身体对钙质的吸收。

另外，关于"影响身体对铁质的吸收"，文章说"茶中过量的鞣酸会降低小肠的分泌物、抑制肠道的蠕动，也会影响身体对铁质的吸收"。这一说法是源自早期的研究（1975 年及 1979 年）。而其结论是，用餐时喝茶，会影响身体吸收植物来源的铁，但不影响身体吸收动物来源的铁。事实上，近期的研究都不认为喝茶会影响身体对铁质的吸收。请看下面这三篇论文的标题和结论：

1. 1990 年发表的《绿茶对于早期铁吸收功能缺乏病患的铁质吸收影响》[9]，结论：没有看到绿茶对铁的吸收有抑制作用。

2. 2007 年发表的《红茶、绿茶及花草茶对于铁质吸收的法国研究》[10]，结论：数据显示，正常健康的成年人，无论饮用哪一种茶，都没有失去铁质的风险。

3. 2009 年发表的《绿茶不会抑制铁的吸收》[11]。

所以，近期的研究都不同意喝茶会影响身体对铁质的吸收。综上所述，这篇网络文章所言，不论是有关便秘还是钙或铁的吸收，皆不可信。

◇◇**喝茶会导致铅、氟过量？**

曾有读者写信问我关于喝茶是否会导致摄取过多氟和铅的问题，所以，我根据发表可信度较高的国际医学期刊的研究报告，做出了以下的调查和结论。

有关铅的研究可以分成完全相反的两大类：一类是喝茶可能造成铅中毒，另一类是喝茶可能防止铅中毒。由于茶树会吸收土壤里的各种元素，包括有害健康的铅，所以茶叶里的含铅量一直受到人们的关注。但是，地区、季节和茶树种类都会影响茶叶的含铅量。所以，有些研究发出警告，有些则认为安全。例如，一篇 2008 年美国国家医学图书馆（The United States National Library of Medicine，NLM）上的研究论文[12]，就认为台湾地区茶叶的含铅量是在安全范围内的。

由于喝茶可能防止铅中毒的信息较少被媒体报道，所以我特别将这方面研究的网址放在了书后的附录[13]。至于浸泡时间较长是否会导致茶叶释放较多的铅，答案是肯定的。但是，目前并没有热泡和冷泡之间比较的研究。

有关茶叶的氟含量是否安全，绝大部分研究者表示担心。但是，根据一篇2016年发表的研究论文[14]，中国的绿茶、黑茶、白茶、普洱茶、乌龙茶，都在安全范围之内。还有，根据一篇2012年发表的研究论文[15]，在同样的时间里，热泡是比冷泡会释放较多的氟。但是，由于制作冷泡茶所需时间较长（数小时），所以饮用时，冷泡茶的氟含量也不见得就会比热泡茶来得低。

综上所述，第一，茶叶里的铅含量也许是值得担忧的，但根据动物实验，喝茶却是可以降低铅中毒风险。第二，茶叶里的氟含量也可能是值得担忧的。第三，目前并没有证据显示冷泡茶的铅含量或氟含量比热泡茶低。

请特别注意，有关铅或氟的担忧，纯粹是基于成分的分析，而非人的试验或调查。也就是说，目前没有任何证据显示有人因为喝茶而铅中毒或氟中毒。更重要的是，根据试验及调查显示，喝茶有益健康。也就是说，喝茶有益是确定的，喝茶有害则是不确定的。

◇◇茶叶的农药残留问题

最后，来谈一谈很多人关心的茶叶农药残留问题，因为网络上关于农药残留的文章多如牛毛，而且它们绝大多数是负面的。有些文章甚至还说喝茶就等于喝农药。但实际情况真的有这么严重吗？

首先读者必须认清，所有大量种植的农作物，包括标榜有机的，都会有农药残留。但政府农业部门对每一种农药的使用量都有控管，所以在正常情况下，残留的量是不足以危害人体健康的。也就是说，只有在不正常的情况下，例如，意外或非法不当使用农药时，农药残留才会成为问题。

再有，用"茶及农药"（insecticide, herbicide, fungicide）作为关键词，在公共医学图书馆搜索，只能搜到几十篇农药检测方法的论文。也就是说，没有任何医学文献谈及茶叶农药对健康的影响。所以，要探讨这个问题，就只能参考政府文件及专家意见了。

（一）台湾"农委会"文件

台湾"农委会"底下的"茶叶改良场"发布了一份茶叶食品安全问答集，其中有两个项目是与农药相关的[16]。重点整理如下：网络谣言"不喝第一泡茶"实与农药无关。茶园中防治病害应用安全性高及水溶性低的药剂。低水溶性药剂的残留量很小，通常无法测出。台湾地区有多家机构进行茶叶农药残留检验，可至该网站查询认可实验室名录[17]。

（二）台北市政府文件

台北市政府卫生局在2018年5月公布茶叶及花草茶抽验结果：该局在今年4月到超市、卖场、茶行、饮料店等处抽验茶叶及花草茶残留农药，共抽验80件产品（包含70件茶叶及10件花草茶），结果有两件产品不符合规定，不合格率为2.5%[18]。

（三）香港特别行政区文件

香港特别行政区的"食物安全中心"说明，由于媒体报道在台湾地区贩卖的数种茶叶被检出农药残留量超标，所以该中心启动对台湾地区进口茶叶的控管及检验。从 2015 年 4 月 21 日到 2018 年 7 月 4 日，该中心共检查了 361 个台湾地区茶叶样本，结果只检出其中一个超标 [19]。

（四）专家意见

"光明网"在 2017 年发表《陈宗懋院士谈茶叶农药残留：残留 ≠ 超标》。陈宗懋是中国茶叶学会名誉理事长和国际茶叶协会副主席，也是茶界唯一的中国工程院院士。我把他谈话的重点整理如下 [20]：中国或甚至世界范围内的茶叶种植，完全不用农药的仅占 2% 到 3%。农药残留是正常的，只要农药残留不超过限定标准，它对人身体是没有危害的。目前中国只有 2% 左右的农药残留超标情况。不只是茶叶，任何农作物都可能会有农药残留超标的情况。高海拔地区气温较低，病虫害较少，所以用药较少，农药残留也较少。春天气温较低，病虫害也较少，所以春茶基本上不会用农药。普通消费者基本上是无法辨别农药残留超标的茶叶。

虽然上面说"普通消费者基本上是无法辨别农药残留超标的茶叶"，但是，《镜周刊》在 2017 年 8 月 18 日，发表《茶叶有农药残留怎么办？专家教解毒法》[21]。其中有这么一段：除了出书聊茶，李启彰也开讲座教民众试茶，他说："农药超标的茶一喝到，体感会呈现三阶段反应。第一，饮入后，立即呈现锁喉感。第二，舌头上、喉咙下与胸腔会呈现刺麻的体感，有些人则会心跳加速或不规则乱跳。过几分钟后，开始头晕与头皮发麻。"请问，您喝茶有出现过这些症状吗，既然没有，还担什么心？

🖊 林教授的科学养生笔记

　　喝茶可以减肥瘦身，也可以降低患心血管疾病、退化性神经疾病以及癌的风险。

　　所有的液体都应当计入每日水分摄取总数，如牛奶、果汁、啤酒、葡萄酒和含咖啡因的饮料（如咖啡、茶或苏打水）。

　　喝茶不会引起便秘或贫血，也不会影响身体对钙或铁质的吸收。

　　喝茶有益是确定的，喝茶有害则是不确定的。

　　茶叶的农药残留超标情形，近年被抽检出的比例都很低(3%以下)，所以无须担心。

鸡蛋，有好有坏

＃鸡蛋、心脏病、胆碱、胆固醇

2016 年年底，我看到一位很受追捧的自然疗师的演讲影片，他说："每天吃三个鸡蛋很健康。"无独有偶，网络上也流传一篇鼓励吃鸡蛋的文章，其中列举了"一定要吃鸡蛋的十个理由"。最让我觉得最荒谬的一点是"预防心脏病"，它的解释是这样："蛋黄中的脂肪以单不饱和脂肪酸为主，其中一半以上正是橄榄油当中的主要成分油酸，对预防心脏病有益。"

蛋黄像橄榄油？事实上，蛋黄的脂肪成分非常近似猪油，而非橄榄油。证据可参考以下成分表：蛋黄 36% 是饱和脂肪酸，44% 是单不饱和脂肪酸，16% 是多不饱和脂肪酸；猪油 39% 是饱和脂肪酸，45% 是单不饱和脂肪酸，11% 是多不饱和脂肪酸；橄榄油 14% 是饱和脂肪酸，73% 是单不饱和脂肪酸，11% 是多不饱和脂肪酸。

从上面两个例子可以看出，有这么些所谓的养生专家，如果不是停留在"胆固醇有害"的疑惑，那么就是要惊世骇俗地"颠覆"这一疑惑（即反疑惑）。到底是疑惑有理，还是反疑惑上道？其实，有关鸡蛋的临床研究，正反两派是各据山头，目前实在无法分辨孰是孰非。但可以肯定的是，鸡蛋含有很高量的饱和脂肪酸（近乎猪油）。所以，鸡蛋的高胆固醇也许是无害的，但它的高饱和脂肪酸肯定是危险的。

◇◇鸡蛋是好是坏，正反意见僵持不下

事实上，尽管美国心脏协会和美国农业部已为胆固醇平反，但直到目前，还是陆陆续续地有一些不同意见的论文出现。譬如，科罗拉多大学教授罗伯·艾可（Robert Eckel）写的《蛋和之外：膳食胆固醇不再重要了吗？》[1]、南澳大学教授彼得·克利夫顿（Peter Clifton）写的《膳食胆固醇是否会影响2型糖尿病患者的心血管疾病风险？》[2]、芝加哥拉什大学（Rush University）教授金·威廉斯（Kim Williams）写的《2015饮食指南咨询委员会关于膳食胆固醇的报告》[3]，这些论文一致指出，高胆固醇食物通常也含有高饱和脂肪酸（例如鸡蛋），因此，还是建议不要摄取过多的高胆固醇食物。

由此可见，当养生专家说"某某食物胆固醇高，不要吃"，那是他缺乏新知识；而当养生专家说"高胆固醇食物没关系，放心吃"，那是他要展示他有新知识。只不过，他的新知识有一半是错的。总之，虽然我们无须惧怕高胆固醇食物，但也不是说就可以放纵，每天狂吃3颗蛋或3份牛排。均衡、多样的饮食才是健康的选择。

前面说到，"吃鸡蛋对身体是好还是坏"这个争议，现在已经不是科学能解决的了。因为每当一篇说鸡蛋好的报告出来，马上会被反对吃鸡蛋的团体说该研究是由鸡蛋工业资助的，不可信。当一篇说鸡蛋坏的报告出来，马上会被鼓励吃鸡蛋的团体说该研究是由反鸡蛋团体资助的，不可信。所以，鸡蛋是好是坏，不用再问什么专家，你自己就是最好的专家。我所能给出的建议，只有两点：一是适量，二是吃的时候要连蛋黄一起吃，因为对健康有

益的元素，有很多是在蛋黄里。如果你怕营养过剩，那就少吃，但绝对不要丢弃蛋黄。

◇胆碱补充剂不等于鸡蛋

2017 年 4 月时，许多国外主流新闻和知名医疗健康网站，又在说鸡蛋的坏话了。例如，4 月 25 号 CBS News 报道《肉和蛋中的营养物质可能在血栓、心脏病发作风险中起作用》[4]。这些报道的涌现，是因为一篇医学期刊《循环》发表的研究论文，标题是《由肠道微生物从膳食胆碱产生的三甲胺 N- 氧化物会促进血栓形成》[5]。

多年来，鸡蛋一直被指责为心脏杀手，原因是认为它所含的高胆固醇，对心脏不利。可近几年来，偏偏又有人说鸡蛋是心脏的"救世主"，原因很多很复杂。在这些争论中被指责为坏蛋的是食物中的胆固醇，说它会增加心血管疾病的风险。但是，这次新闻报道里的"新科坏蛋"，却是胆碱（Choline）。这其实有点难以想象，因为胆碱被许多营养学家定位为维生素，是 B 族维生素里的一分子，是维护健康，包括降低心脏病风险的必需营养素。

那么，胆碱怎么会从心脏"救世主"变成心脏"杀手"呢？在以上这篇研究论文里，克里夫兰诊所的研究人员报道说，胆碱会被肠道微生物转化成三甲胺 N- 氧化物（Trimethylamine N-oxide，TMAO），而 TMAO 会促进血栓形成，从而增加人患心脏病的风险。胆碱广泛存在于各种食物中，但以蛋黄的含量最高，达 8%~10%。所以这些新闻报道里，几乎都是以醒目的煎蛋作为插图吸引读者注意。

只不过，如此对待鸡蛋公平吗？事实上，该研究报告所测试的是胆碱补充剂，而非鸡蛋。我已经说过很多次，营养素（维生素和矿物质等），如果是来自补充剂，可能是有害的，但如果是来自食物，只要适量则是有益的。

　　所以，尽管研究报告里所讲的是胆碱补充剂，媒体报道却硬要把鸡蛋扯进来。但请别误会，我绝非鼓励放纵吃鸡蛋。我在文章里一再强调"适量"。只要是适量，譬如一天一个，或是根据个人健康情况及饮食习惯，酌量增减。鸡蛋绝不是坏蛋。总之，纵然是主流媒体，而非网络谣言，也还是要七分看三分信。

✎林教授的科学养生笔记

　　虽然无须惧怕高胆固醇食物，但也不可以放纵，每天吃 3 个蛋或 3 份牛排。均衡、多样的饮食才是健康的选择。

　　高胆固醇食物通常也含有高饱和脂肪酸（例如鸡蛋），因此，还是建议不要摄取过多的高胆固醇食物。

　　吃蛋建议：一是适量，二是不要丢弃蛋黄，而是整个蛋一起吃。

　　营养素如果来自补充剂，可能是有害的，但如果来自食物，只要适量则是有益的。

食用牛奶致病的真相

#癌症、过敏、乳糖不耐受、乳制品工业、人道

有位朋友希望我能提供关于牛奶是好是坏的科学证据，好为她及乡亲们解惑。其实，警告食用牛奶会得癌的网络文章，多不胜数。也有很多文章说，食用牛奶或奶制品会得其他的病。因为病的种类实在太多了，我们就先从癌症开始说起。

◇◇牛奶与癌症没有关联

首先必须声明，我个人是不喝牛奶的。不是因为怕得癌症，只是认为自己从食物中摄取的营养已经足够了，不想再食用牛奶，以免营养过剩。所以，牛奶商不可能请我打广告，而我也没理由说服民众多喝牛奶。

有关牛奶或奶制品与癌的科学报告有近百篇。而所牵涉的癌症种类很多，包括乳腺癌、肺癌、胃癌、大肠癌、胰腺癌、膀胱癌、前列腺癌、肾癌、子宫癌以及卵巢癌。绝大部分的结论是，牛奶或奶制品与癌没有关联，或是没有清晰的关联。但是有两个有趣的例外，即食用牛奶或奶制品的多寡，与得大肠癌的风险成反比，但与得前列腺癌的风险成正比。

请读者注意，"关联"与"肇因"是不同的。网络文章最爱把仅仅是有关联的现象误说成是有因果关系的。譬如说"牛奶致癌"，肯定是错的，因为没有任何研究报告说，喝牛奶会致癌。而且事实上，根本就不可能拿人做实验，来证明喝牛奶会致癌。所以，不管食用牛奶或奶制品的量是与患大肠癌的风险成反比，还是与患前列腺癌的风险成正比，这都只是一种"关联"。至于这种关联是不是喝牛奶引起的，永远不会有答案。

我给读者的建议是，喝不喝牛奶，无须根据是否会得癌，因为它的关联性不明显。但牛奶可能与其他疾病有关，尤其是过敏。

◇◇确定由牛奶引发的疾病：牛奶过敏和乳糖不耐受症

前面说了绝大多数的科学研究，发现牛奶与癌的关联性不明显。至于其他的疾病，有些是确定由牛奶引起的，有些则只是有关联性，或只是基于揣测。

在确定与牛奶有关的疾病里，我们东方人最熟悉的应该是"乳糖不耐受症"。它的病理是因为患者缺乏乳糖酶，无法在小肠里分解乳糖。未被消化的乳糖进入大肠后，被微生物发酵产生气体，从而引起腹胀。同时，未被消化的糖分和发酵产物会引起大肠内的渗透压升高，导致流入大肠的水量增加，从而引起腹泻。

10个东方人，有9个是不耐乳糖的。而就算是全球人口，也有60%以上的成年人是不耐乳糖的。那么，既然是世界上多数人具有的特质，把它称之为疾病，是不是很奇怪？不管是真病还是假病，"乳糖不耐受症"很容易避免。所以如果你患这种病，不要怪牛奶，要怪只能怪你自己。

另一个确定是牛奶引起的疾病是"牛奶过敏"。这是因为患者对牛奶里的蛋白质产生免疫反应而引发的病。牛奶里有 25 种以上的蛋白质，每一种都是过敏原。更糟糕的是，每一种牛奶过敏原的病理机制都不一样。所以，尽管统称为"牛奶过敏"，但严格来讲，它包括好几种不同的病。正因为如此，尽管这方面的研究非常多，但是我们对此的了解还是相当狭窄。

台湾地区有家医院的网站说，"牛奶过敏"是因为新生儿肠道的防卫系统发育尚不完善，而让过敏原有机会通过肠壁进入人体，才会引发免疫系统的过敏反应。但这只是牛奶过敏原的病理机制之一，它无法解释牛奶过敏在成人体内是怎么发生的。事实上，小肠的肠壁会分泌抗体，所以过敏原并不需要通过肠壁，就可引发免疫反应。

尽管"牛奶过敏"主要是发生在婴幼儿，但成人也有。它的症状很多，但主要是皮肤红肿、出疹、肚痛、肚胀、呕吐、流鼻水及哮喘。最严重的情况是休克（血压遽降、气管紧缩），然后死亡。婴幼儿如对牛奶过敏，就需用母乳或特别配方奶来喂养。成人如对牛奶过敏，就需避免接触任何乳制品。在美国及欧盟，凡是有牛奶成分的食品，其包装上都需强制标注。许多网站也有"牛奶过敏原食物表"，供读者做参考及选择[1]。

◇反乳制品工业的名人

说牛奶会引起各种疾病的人，不乏教授、医生及养生名流，其中最具影响力的，莫过于华特·威力（Walter Willett）。他是哈佛大学营养系主任，所以他讲有关牛奶的话当然是掷地有声。他最有名的言论莫过于喝牛奶会增加骨折发生的概率。不论是中文媒体还是英文媒体都把它当成事实，广泛传播。

但真正的事实是，他发表在论文里的结论是：喝牛奶与骨折的发生率没有关联性。不信的话，你可以自己去看他的论文[2]。他也发表过另外几篇论文，说喝牛奶会增加男孩青春痘的发生率、会增加前列腺癌的发生率、会增加心血管疾病的发生率、会增加初生婴儿的体重、会延缓妇女停经等。总之，对他而言，乳制品工业就是妖魔鬼怪，消灭这个妖魔鬼怪就是他毕生的志业。

具有同样心态的人，还有马克·海曼医师（Mark Hyman）。他是克利夫兰诊所中心功能医学主任。他在自己的网站上，发表了好几篇叫人不要食用乳制品的文章。譬如《牛奶对你的健康有危害》[3] 以及《奶制品：六个你需要全力避开的理由》[4]。

还有另一位是尼尔·柏纳德（Neal Barnard）。他是美国的"责任医疗医师委员会"（Physicians Committee for Responsible Medicine，PCRM）的创办人。这个团体成立的宗旨就是要禁止用动物做任何事。它反对肉食，反对吃鸡蛋，反对用老鼠做实验等。当然，它也极力反对乳制品工业。基本上，它就是一个动物保护团体。只不过，它总是夸大肉食（包括鸡蛋及牛奶）对健康的危害。有兴趣的读者，可到它的网站浏览[5]。

值得注意的是，马克·海曼及尼尔·柏纳德虽然都是医生，但他们本身并没有发表过任何研究报告。他们反对乳制品工业的言论，主要是依据华特·威力的研究报告，然后把论文里本来客套的"可能"，说成"一定"。

另外一个反对乳制品工业的重量级人物是约翰·罗宾斯（John Robbins）。他原是 31 冰淇淋（Baskin Robbins）王国的继承人。但是他不但放弃继承，而且还反过来极力反对乳制品工业。事实上，他是反对肉食，所以他反对整个食品畜牧业。不同于上面所提到的 3 位医生，他没有说牛奶会致病。

这几位人士反对乳制品工业的原因其实很简单：饲养奶牛是不人道的。而为了达到消灭乳制品工业的目标，他们（约翰·罗宾斯除外）会隐瞒对他们不利的科学资料，夸大对他们有利的科学资料，甚至说谎（譬如，说喝牛奶会增加骨折的发生概率）。事实上，华特·威力为了推销他个人的理念，而罔顾科学伦理的行为，早已遭到科学界的批评[6]。

总之，在看过这么多有关牛奶的资料后，我基本上可以确定，除了"乳糖不耐受症"和"牛奶过敏"是真的由牛奶引起的之外，其他的病都是反对乳制品工业的人，硬拗出来或夸大其严重性。

现在，牛奶致病的真相既然已经大白，我想请读者思考一个问题：虽然夸大牛奶致病是不对的，但希望解放奶牛的诉求，有错吗？

林教授的科学养生笔记

目前近百篇关于牛奶或乳制品与癌症的科学报告，绝大部分的结论都是：两者没有关联。

全球有六成以上的成年人患有乳糖不耐受症。

牛奶里面有 25 种蛋白质，每一种都是过敏原。

婴幼儿如对牛奶过敏，需用母乳或特别配方奶来喂养；成人如对牛奶过敏，就需避免接触任何乳制品。

还味精一个清白

MSG、中国餐馆、添加物、麸胺酸钠、外食

20多年前，我和内人到一家美国的中式餐馆用餐，她喝了几口酸辣汤，额头立刻冒出冷汗，也觉得头有点晕晕的，当下直觉反应就是汤里有加味精。回家后，她希望我可以对味精做进一步的科学查证。我上网一查，发现这确实是一个热门话题，连科学报告也多到让人难以置信。

怎么一个已被美国食品药品监督管理局（FDA）定位为"一般认为安全"（Generally Recognized As Safe）[1]的添加物，竟然还有这么多人能拿到研究经费来做实验？更令人诧异的是，这些论文的研究动机，几乎都是因为味精可能对健康有害，譬如会导致糖尿病、血管硬化、肥胖等。

但我希望读者不要过度反应，因为绝大多数的研究报告是以老鼠做实验，其结论不见得适用于人。但有几篇是用人体做实验或调查对象的就值得一提。我把它们的重要结论，翻译列举如下：

1. 食用味精后，没有检测到肌肉疼痛或机械性敏感度的变化。但头痛的报告，及主观报道骨膜肌肉压痛，有显著的增加。与少量味精和安慰剂相比，大量味精会使心脏收缩压升高[2]。

2. 肥胖的妇女需要较高浓度的味精才能尝出味道，而且显著地喜好含有较高浓度味精的食物[3]。

3. 许多研究探讨将味精加入食物，来补充老年人和病患的营养。有些正面的效果已被观察到[4]。

这第三篇是认为添加味精可以提高老年人的食欲，进而改善他们的营养。所以是很难得的正面的报告。

看了这么多报告和讨论之后，我的结论，也是我对读者的建言是：无须恐慌。就如FDA所说的，味精在一般情况下，对大多数人是无害的。但是，如果你还是有顾忌，那就告诉店家别加味精。只不过，请不要像我们当年一样，未经证实就认定用餐之后的不舒服是因为味精。毕竟，心理作用可以是一个很大的因素[5]。最后，我将台湾"食品药物管理署"给的答案节录如下，供读者参考：

许多注重健康的外食族到餐馆或面摊点餐时，都会提醒老板不要加味精，担心吃味精会有味觉麻痹、头痛、颈部僵硬等症状，甚至有人传言吃味精会中毒或是致癌。味精的主要成分是麸胺酸钠（monosodium glutamate，简称MSG），亦称为谷氨酸钠或麸酸钠，具有独特的鲜味，属于调味剂功能的食品添加剂。

许多天然食物中都含有麸胺酸钠，例如，西红柿、奶酪或乳制品、蘑菇、玉米、青豆、肉类等。味精过去的生产方式是从海藻提取和面筋水解，现在则以淀粉、糖蜜为原料，用微生物发酵来制成。根据国际麸胺酸钠信息服务单位（IGIS）的研究，即使料理完全不添加味精，我们每天正常的饮食中大约会摄取到20克的麸胺酸钠。

在动物实验中，只有非常高剂量的麸胺酸钠才会引起急性中毒，但没有显著的慢性毒性、致畸胎性或基因毒性，而美国食品药品监督管理局于 1995 年公布食用正常消费量的味精对人体无害，而且无任何证据显示食用味精和任何慢性疾病有关。

"食药署"提醒如为高血压、心脏病、肝肾脏等疾病的限钠患者，味精的含钠量（13%）虽然只有食盐（39%）的 1/3，烹调用量也比食盐少，但是仍应遵从医师指示，减少食盐与味精的摄食量，来避免摄食过量的钠。

✐林教授的科学养生笔记

味精的主要成分是麸胺酸钠（MSG）。

美国食品药品监督管理局于 1995 年公布食用正常消费量的味精对人体无害，而且无任何证据显示食用味精和任何慢性疾病有关。

对于食品添加味精请无须恐慌，就如 FDA 所说的，味精在一般情况下，对大多数人是无害的。

代糖对健康有害无益

糖精、甜菊糖、罗汉果苷、糖尿病、减肥

有几位朋友因为身体的因素，只喝掺有代糖的饮料。自然的，他们想知道代糖有害吗、能帮助减肥吗、能降低患糖尿病的风险吗等问题，所以这篇文章我将用现有的医学论文来回答这一问题。

顾名思义，代糖就是代替糖。而代替糖的目的，就是要避免真糖（蔗糖）对健康的负面影响。蔗糖对健康的负面影响基本上有蛀牙和肥胖，以及其所衍生出的许多毛病，如糖尿病、心脏病、癌症等。

蔗糖之所以会引发蛀牙，是因为它提供养分助长口腔细菌。因此，使用不具养分的代糖，的确能降低患蛀牙的概率。蔗糖之所以会引发肥胖，是因为它提供热量助长脂肪细胞。因此，食用不具热量的"代糖"，应当是可以减少肥胖。

◇◇代糖类型近百种

但"应当"是一回事，事实可不见得。代糖的种类繁多（近百种），有低卡路里的、有零卡路里的、有天然的也有合成的。甜度最高的是爱得万甜（Advantame）。它是人工合成的零卡路里代糖，甜度是蔗糖甜度的20000倍（以同样重量而言）。

　　所有代糖里，最有名的是糖精（Saccharin）。它也是人工合成的零卡路里代糖，甜度是蔗糖甜度的 300 倍。历史最悠久的天然零卡路里代糖，是萃取自甜叶菊叶子的甜菊糖（Stevia）。它比蔗糖甜 300 倍，甜味扩散较慢、持续时间较长，但带有苦涩的余味。

　　另一个知名的天然零卡路里代糖是罗汉果苷（Mongroside，英文俗名 Luo Han Guo）。它萃取自罗汉果，甜度是蔗糖的 300 倍，但由于萃取不易，较难商业化。除了罗汉果苷外，罗汉果也含有果糖和葡萄糖。而且，由于它具有独特的风味，所以它是调制中式汤料的绝佳蔗糖替代品。

◇◇没有证据显示甜味剂或代糖会导致癌症

　　有关代糖是否安全，相信大多数人都听过糖精致癌的说法。不过，这个说法现在已经被推翻，而美国国家癌症研究所更进一步说明：没有证据显示甜味剂或代糖会导致癌症。除了没致癌性外，代糖在适量的范围内，似乎对一般人的健康也没有其他负面的影响。所谓适量，指的是按照每千克个人体重，每日平均摄入量不超过 50 毫克。而由于常用的代糖都有极高的甜度，所以用极小的量就能达到很好的效果。因此，我们对代糖的摄取，不太可能会有超量的风险。

◇◇代糖无法帮助减肥和降低糖尿病

　　代糖真能帮助减肥吗？这实在是一个听起来很别扭的问题。既然是零卡路里，当然就能减肥，不是吗？而早期的研究和调查报告也都说的确如此。但近几年来风向转了，比如，美国内分泌协会在 2017 年 4 月 3 日发布的标题是《低卡糖精提升人类脂肪累积》[1]的文章。这篇文章是一个乔治华盛顿大学的研究团队在内分泌协会年会上发表的一份研究报告，结论是代糖会促进肥胖。同样，在 2017 年 4 月 11 日发表的一项大型调查报告也发现，代糖与肥胖有正向的关联性[2]。

代糖能降低人患糖尿病的风险吗？对于这个议题已经有相当多的研究，其中最大型的莫过于 2013 年发表的一项调查报告，结论是代糖与 2 型糖尿病风险有正向的关联性[3]。另一篇于 2017 年 2 月发表的大型的调查报告，也得出同样的结论[4]。

为什么代糖不但对控制肥胖及糖尿病无益，反而有害呢？已经有相当多的研究提供可能的病理机制，包括神经性的、肠道性的、肌肉性的等。

总之，对选择摄取代糖的朋友们，我只能说抱歉，带给你如此负面的信息。不过我真的希望，负面的信息可以转为正面的认知。那就是运动和均衡饮食，才是永恒可靠的健康准则。

林教授的科学养生笔记

食用甜味剂或代糖不会导致癌症，但可能会增加肥胖和 2 型糖尿病的风险。

2013 年的大型调查报告表示：代糖与 2 型糖尿病有正向关联。

2017 年的研究报告结论：代糖会促使肥胖。

红肉、白肉说分明

#左旋肉碱、四足动物、血红素铁

2018 年 2 月，我看到元气网的一篇文章，标题是《原来鱼类也有红肉、白肉的分别！与它们的生存环境有关》[1]。但鱼类真的有红肉、白肉的分别吗，这与我们的健康又有什么关系呢？

◇◇红肉是四足动物的肉

我们先来看看"红肉"的定义是什么。首先，根据美国农业部发表的《美国饮食指南》，"红肉"是包括所有形式的牛肉、猪肉、羊肉、山羊和非鸟类兽肉。

有位名叫莫尼卡·赖纳格（Monica Reinagel）的美国知名营养师和厨师在 2013 年 1 月发表《颜色混淆：识别红肉和白肉》[2]。她说："几乎所有的饮食研究都将禽肉和鱼肉划分为白肉，而将四足动物的肉，如牛肉、猪肉和羊肉划分为红肉。"

的确，在我看过的数十篇有关红肉的研究报告里，红肉全都没有包括禽肉或鱼肉。所以，元气网那篇文章所说的"鱼类有红肉、白肉的分别"，就是赖纳格所说的，犯了"颜色混淆"的毛病。

说得明白点，红肉、白肉的划分并非根据肉类的颜色来判定，而是根据动物来划分的。例如，鸽子肉和鲔鱼肉的颜色都很红，但是由于它们都不是来自四足动物，所以都被分为白肉。反之，牛肉和猪肉的颜色虽然都相对较白，但由于来自四足动物，所以被归类为红肉。

为什么我们需要在乎红肉、白肉的区别呢？因为非常多的研究调查显示，白肉较健康，而红肉较不健康。不过我要跟读者说，为什么红肉较不健康，目前还没有确切的答案。

◇尚未证实白肉较健康

"红肉、白肉"这个二分法，是营养学家为了方便倡导健康饮食的观念而创设出来的：白肉健康，红肉不健康。尽管红肉常被误会成"红色的肉"，但毕竟比"四足动物的肉"或"哺乳类动物的肉"来得容易听，容易懂，容易记。所以，红肉就成为"四足动物的肉"的代名词。

至于为何红肉较不健康，目前有三个主要的说法：①红肉有较多的饱和脂肪酸：相信大多数人都听说过饱和脂肪酸对健康，尤其是对心血管有害，所以我就不再赘述；②有较多的血红素铁：过多的铁会导致过多自由基和N-亚硝基化合物的形成，也会造成促炎性细胞因子的激活（间接导致发炎、血管硬化、癌症等）；③有较多的左旋肉碱：过多的左旋肉碱会被大肠里的细菌分解成三甲胺（trimethylamine），而三甲胺会被肝脏转化成三甲胺-N-氧化物（TMAO）。TMAO会促进动脉壁斑块的形成，从而导致动脉硬化和心血管疾病。

但这些说法目前也就只是说法，而不是定论。纵然是研究最多、可信度最高的饱和脂肪酸理论，也有人在嘲讽，所以不论是红肉还是白肉，并不是绝对的好或坏。

✎ 林教授的科学养生笔记

　　红肉、白肉的划分并非根据颜色的差别，而是根据动物分类的。红肉来自四足动物；白肉则是非四足动物。

　　红肉好或白肉好，并不是绝对的。而红肉较不健康的说法，目前还没有确切的答案。

常见的有机疑惑

#天然、农贸集市、零化学、农药

有机食物的风潮，这几年来被吹得越来越厉害，我相信很多人愿意多花点钱买有机食品，是因为认为有机食品比较安全或较营养。但，为什么有机食品就比较安全或比较营养？很多人的答案可能是：因为它是"天然的"。为什么天然的就比较安全或比较营养？举个浅显易懂的例子就好，你家后院子在大雨过后长出的五彩蘑菇，你敢采来吃吗？它们可是百分百纯天然的！

至于"比较营养"，你一定听过广告或饮食节目这么讲，但是你有看过科学报告这么说吗？你是相信人云亦云，还是相信科学？我家后院子里种的蔬菜和果树是百分之百的有机，但是有机超市或农贸集市的蔬果，真的完全没有人工化学成分吗？当你看到美国农业部（USDA）提供的资料，一定会大吃一惊，因为法律允许50种合成物用在有机农业上。

◇有机产品也会使用化学合成物

我个人信奉有机理念，但绝不会刻意去市场买"零化学"的蔬果，因为我知道那是自欺欺人。自己种的东西，你不会太在意它是大是小，是扁是圆，甚至是里面有虫子。但当你种的东西要用来赚钱养家，那就要保证它大小均匀，色泽鲜艳，而且没有恶心的虫子，否则你就准备宣告破产吧。那你真的可以保证种出百分之百零化学又可在市场上竞争的蔬果吗？

我们先看看美国农业部 2016 年 3 月发布的法规，有关"允许使用在有机农作物生产的合成物"[1]。这个法规里列举了约 50 种合成物，包括约 30 种化学物，有些是用在农具上，有些是用在农作物上。如漂白水可用来清洗灌溉系统，硫酸铜可用在稻田，除草剂可用在道路或沟渠，碳酸铵可用来杀虫等。

读者看到这里，是否有种被骗了的感觉？竟然有这么多化学合成物质是法律允许可以用在所谓的"有机农业"上的。其实，我绝对没有意思要妖魔化这个法规，相反的，我相信它是许多专家经过多方面的评估和审慎的考虑之后定的。毕竟，大规模的农作物生产是不可能不用化学合成物的。而这些化学合成物，只要被适当合理地使用，那么它对消费者绝对是无害的。

◇农贸集市的诚信问题

除了有机并不等于天然或营养之外，另外一个更实际的问题是，那些你花大价钱买到的食材，真的是有机吗？美国的加州农药管理局（California Department of Pesticide Regulation）在一份发表于 2013 年的调查报告说：83% 在加州农贸集市贩卖的产品被验出有杀虫剂[2]。

2014 年，一篇发表在"现代农场"（Modern Farmer）网站，标题为《铲除农贸集市欺诈》[3]的文章，有这么一段话："应该是不令人吃惊的，农贸集市偶尔会有欺诈或误导的行为；小农户往往资金缺乏，而农贸集市的获利可以决定（他们整个营运的）成败。"

2015 年 5 月，旧金山五号电视台的新闻主播伊丽莎白·库克（Elizabeth Cook）发表了一篇文章，标题为《谨防农贸集市的欺骗——他们卖的不是他们种的》[4]，里面有这么一段话："但你怎么知道自己买到的是从本地农场采摘的，而不是来自中美洲？"

我们再看看所谓的有机店铺和超市。2015 年 6 月，一个专为小农户发声的机构"丰收羊角"（The Cornucopia Institute）发表文章《Whole Foods 超市面对联邦贸易委员会不当标签的调查》[5]。其中两段我翻译如下：

> 其新的"负责地栽种"产品评级制度，是为了帮助公司维持令其赢得"整张薪水支票"绰号的高价位和利润。Whole Foods 超市制定了一个分级办法。在某些情况下，它把传统的农作物，也就是使用化肥和有毒农药栽培的农作物，标示为最佳，却把有"有机认证"的产品，标示为"未分级"或劣等。

> 同年 7 月，亚特兰大二号电视台的消费调查员吉姆·史提克兰（Jim Strickland）发表《您的"有机"食品未必真的是有机》[6]。内容是讲，当地有一店铺声称只卖自己农庄生产的有机农品。但记者暗中调查却发现，店主人到只卖非有机作物的"州立农贸集市"（State Farmers Market）进行采购，然后载回他的农庄贩卖。

从以上几条报道，读者应该可以了解，不管是大公司还是小农户，赚钱才是他们认为最重要的，而坚持从事诚实的有机农作物是不可能赚钱的。再次强调，我绝非反有机。我衷心地希望他能成功。但当竞争对手以有机之名行无机之实时，老实的有机农户怎么生存？

最后，附上一篇《华盛顿邮报》原文刊登，并由《世界日报》转载翻译的报道，这篇文章清楚解释了有关有机的几个错误观念，以下节录给读者参考：

疑惑：如果产品标签为有机，就代表未接触过农药

事实：只有"100% 有机"的标签，保证符合农业部的有机定义。产品获得农业部的有机标签，代表 95% 的成分是有机，所以 5% 的非有机成分，可能洒过农药。"以有机成分制造"的标签，则最少只有 70% 成分是有机。

疑惑：有机食品对健康较好

事实：有机食品虽然使用的农药较少，但是否有营养则是另一个问题。美国儿科学会表示，目前没有直接证据显示，有机饮食改善健康或降低疾病风险。斯坦福大学 2012 年的一项争议性研究甚至称，买有机食品以获取更多营养是在浪费钱。

疑惑：有机食品对环境较好

事实：无可置疑，农田没有农药对环境较好。但是食品有机不代表其生产和经销对环境有利。例如，来自玻利维亚的有机黑豆、中国的有机稻米或亚美尼亚的有机杏子，运送到美国城镇的超市，形成的碳足迹远大于运送当地种植的产品。

疑惑：标签为有机的产品，都接受过检查，保证纯净

事实：每颗苹果或每根芦笋，并未接受有机检查，装满货柜的有机加工食品摆上货架前也未接受有机检查。检查太细不切实际，也没有效率。实际上，有机产品的检查往往都很表面，充满矛盾和利益冲突。

疑惑：进口有机产品符合美国标准

事实：第三方认证公司很少到国外进行检查，而是与当地农场签约，提高欺诈和执法过松的可能。不符美国有机标准的产品，也可通过管理松散的第三方认证公司运到美国。

> ✐ **林教授的科学养生笔记**
>
> 有机并不等于天然或营养，而且也会使用化学合成物。
>
> 加州农药管理局 2013 年的调查报告：83% 在加州农贸集市贩卖的产品被验出有杀虫剂。
>
> 贴上有机标签的农产品，并非每一份都接受过有机检查；装满货柜的有机加工食品，摆上货架前也未接受有机检查。

蔬果农药清洗方法

#洗洁剂、有机、清水、残留

有位好友在看过我发表的有关有机蔬果的文章后，私底下跟我说，既然无法保证买到的蔬果是有机的，可否讲一讲蔬果买回来之后该怎么清洗或去皮才能去除农药风险。

好，首先我必须再次强调，并非只要是有机，就没有农药残留问题。事实上，农药是被允许用于有机农作物的。所以，不管是有机还是无机，都有农药残留的可能性。

◇有科学验证的蔬果清洗法

网络上教读者如何清洗蔬果的文章多如牛毛，但绝大多数是自创的，也不知道依据是什么。所以在这里，我要提供给读者的文章有可靠的来源，例如，科学研究报告、大学研究单位、政府主管机关、有信誉的民间研究机构等。

一、科学研究报告

2003 年《只用清水洗水果或加上 Fit 洗涤剂来减少农药残留》[1]。这项研究主要测试一种叫作 Fit 的蔬果洗涤剂是否真的如广告所言，清除农药的效力比水高 98%。结果是，光是用水清洗即可除去 80% 的农药，所以，当然就没有东西可以比水还高 98%。在这篇研究报告发表之后，这一蔬果清洗剂就停止生产了。但是，一大堆其他品牌立刻出现。

2007 年《家用品对于洗去高丽菜农药残留的效果》[2]。结论：就去除高丽菜上的农药（测试四种）而言，10% 的乙酸（醋）是最有效的，其次是 10% 的氯化钠（盐），而清水则不甚理想。

2017 年《市售和自制清洁剂对于去除苹果里外农药残留的效果》[3]。结论：苹果的表皮虽看似光滑，但其实有孔隙，所以农药会钻入苹果皮。相较于自来水或 Clorox 漂白剂，每毫升 10 毫克的碳酸氢钠（小苏打，$NaHCO_3$）虽然可以最有效地除去苹果表面的农药（噻苯达唑或磷酸盐），但还是无法除去苹果皮里面的农药。将皮削掉是唯一可以完全去除农药的方法，但这样也会使部分营养素丢失。

二、康涅狄格州农业实验站（Connecticut Agricultural Experiment Station）

其发表的《从农产品去除微量农药残留》[4]。我将重点整理如下：

1. 年度调查显示，康涅狄格州的水果和蔬菜上的农药残留量通常是在美国国家环境保护局规定的范围内。

2. 一项为期 3 年的研究表明，在接受测试的 14 种蔬果里，只要用自来水冲洗 30 秒以上就可显著减少 12 种农药中九种农药的残留量。

3. 4 种市售的蔬果洗涤剂没有比自来水更有效。

三、美国国家农药信息中心（National Pesticide Information Center）

其发表的《如何清洗蔬果中的农药》[5]也是说用自来水冲洗即可，但更进一步说明，由于蔬果有孔隙，所以如果用洗涤剂或漂白剂清洗，反而会导致化学物质残留在蔬果里。

四、美国食品药物监督管理局（FDA）

其发表的《清洗蔬菜水果的7个妙招》（7 Tips for Cleaning Fruits, Vegetables）[6]，这份信息同样强调只要用自来水冲洗即可。

五、科罗拉州州立大学

其发表的《清洗新鲜农产品指南》[7]，我把重点整理如下：

1. **不要用洗涤剂或漂白剂清洗水果和蔬菜**。大多蔬菜都是多孔的，会吸收这些化学物质而改变蔬果的安全性和口感。

2. **绿叶蔬菜的清洗**：分开并单独冲洗生菜和其他蔬菜的叶子。将叶子浸入冷水中几分钟有助于分离沙子和污垢。在水中加入醋（每杯水中加入半杯蒸馏白醋），然后用清水冲洗，可以减少细菌污染，但可能会影响质地和口感。洗涤后，用纸巾擦干或使用色拉旋转器去除多余的水分。

3. **苹果、黄瓜等硬瓜果的清洗**：洗净或去皮以去除蜡质防腐剂。

4. **根茎类蔬菜的清洗**：去皮或用刷子在温水中清洗。

5. **香瓜类的清洗**：香瓜的粗糙网状表面为在切割期间可以转移到内表面的微生物提供了良好的环境。所以，在剥皮或切片之前，使用蔬菜刷并在流水下彻底清洗。

6. **辣椒的清洗**：清洗辣椒时戴上手套，双手远离眼睛和脸部。

7. **桃子、李子和其他柔软水果的清洗**：在流水下清洗并用纸巾擦干。

8. **葡萄、樱桃和浆果的清洗**：保存时无须清洗，但在保存前须分开并丢弃变质或发霉的水果以防止腐败生物的扩散。食用前请在自来水下轻轻洗净。

9. **蘑菇的清洗**：用软毛刷清洁或用湿纸巾擦拭以去除污垢。

10. **香菜类的清洗**：浸泡并在凉水中涮洗。

最后，我个人诚恳地希望读者能将洗涤之后的水再利用。毕竟，用不断流出的水清洗蔬果会浪费大量的水资源，所以请拿这些水来浇花或清洗马桶等。

✎林教授的科学养生笔记

农药被允许用于有机农作物，所以不管有机还是无机，都有农药残留的可能性。

2003年实验报告：光是用水清洗即可除去80%的农药。

由于蔬果有孔隙，所以如果用洗涤剂或漂白剂清洗，反而会导致化学物质残留在蔬果里。

冷冻蔬果的营养评估

#营养素、新鲜蔬果、无病时代、蔬果生理学、降解

有位读者写信问我：好市多（Costso）卖的大包有机草莓、蓝莓和冷冻蔬果都很便宜也很方便，想请教授分析冷冻蔬果的营养素是否真的比新鲜蔬果的更营养。因为之前看到元气网有篇文章《新鲜农产品真的新鲜吗？其实冷冻蔬菜可能更营养》[1]。

这篇文章是摘自书籍《无病时代：终结盲目医疗、无效保健，拒绝在病痛中后悔！》（The end of illness，2012年12月出版），作者是戴维·阿格斯医生（David B. Agus）。我虽没看过这本书，但看过几篇书评，所以对它还算有一些基本的认识。从书评里可以看出，它对于养生保健的理念，基本上与我所倡导的不谋而合。尤其是在维生素补充剂方面，作者也跟我一样不赞同服用。但这篇元气网的文章里至少有3个问题，分别讲述如下。

第一个问题是翻译错误。

我自己常在网站上将英文翻译成中文，所以可以理解英译汉的困难。但这篇元气网的文章，除了字体外，我差点就认不出它是中文。这还不打紧，它竟然还把原文翻译成正好相反的意思。

请看文章的这句：低温可能会终止酵素活动，因此选择冷冻食品的建议，其实是"失效但安全"（fail-safe）的措施。很显然，译者是照字面把 fail 翻译成"失效"，而把 safe 翻译成"安全"。然后，因为"失效"和"安全"之间多多少少有着反方向的意思，所以译者就在它们之间加了个"但"。如此，fail-safe 就被翻译成"失效但安全"。可是在这里，safe 的意思并非"安全"，而是"保险"或"保障"。所以，fail-safe 的真正意思是"保障某一事物免于遭受失败（的机制）"，较精简的翻译则是"免遭失败"或"免遭故障"。

第二个问题是原作者误会"水果降解"。

请看文章的这段："水果从树上掉下来时，就会马上开始降解（degrade）。这是自然的意旨，让水果的养分能回到土壤里去滋润树木，产生另一代多汁又营养的水果。蔬菜也是一样，一旦蔬菜采收了之后，其内部化学物质就会发生变化。蔬果被摘取之后，不久就会启动基因（原本是睡眠状态）来自我降解；等到绝大多数农产品送达当地市场时，就没有刚摘下时那么有营养了。"

毕竟作者是医生，而非植物学或与农业相关学科的专家，所以他对蔬果生理学难免外行。已经过世的加州大学戴维斯分校植物学权威阿代尔·卡德教授（Adel A. Kader）在 1999 年发表文章《水果熟成、腐烂与质量的关系》[2]。我把摘要里的一段话翻译如下：

水果可以分为两类：一类是摘下后就不能继续成熟的果实。第二类是摘下后会继续成熟的果实。第一类包括浆果、樱桃、柑橘类水果、葡萄、荔枝、菠萝、石榴和树番茄。第二类包括苹果、杏、鳄梨、香蕉、释迦、番石榴、奇异果、芒果、油桃、木瓜、百香果、梨、桃、柿子、李子、木瓜。

从这段话可以得知，非常多（可能是大多数）的水果是在摘下后会继续成熟。所以，它们在短期存放的期间里，并没有降解的问题（生物降解，又称生物分解，表示该物质能够被微生物分解之后回归自然）。事实上，纵然是没有受过任何科学训练的人也都知道，有些水果，例如柿子，还必须放到软（熟）才能吃。也就是说，就某些水果而言，短暂的储存（数天）非但不会造成降解，反而是必需的步骤。

第三个问题是冷冻蔬果真的更营养吗？

请看文章的这段："从农场到市场的长途运送当中，新鲜蔬果会遭受到很多的热气和光线，这也会降解掉一些养分，尤其是像维生素 C、维生素 B_1 这些脆弱的维生素。我们最后吃到嘴里的，是养分损失的产品，其中可能也包含我们想避免的降解产品。低温可能会终止酵素活动，因此选择冷冻食品的建议，其实是'失效但安全'（fail-safe）的措施。"

前面已经提到，这段话里的 fail-safe 应当要翻译成"免遭失败"才对。而这整段话的意思就是：蔬果在经过冷冻处理后，就可"免遭失败"。也就是说，由于冷冻处理可以将养分锁住，所以冷冻蔬果可能比新鲜蔬果更营养。

但事实上，冷冻处理并不只是冷冻，而是一系列的步骤。其中，光是烫煮这个过程就会导致营养素流失一到八成（平均约 50%）[3]。所以，在启动所谓的 fail-safe（即冷冻）之前，营养素早已部分流失（有些水果，如草莓和蓝莓不需烫煮，即可冷冻）。总之，就营养素的摄取而言，冷冻蔬果是绝对比不过新鲜蔬果的。当然，如果"方便"是您唯一的考虑，那就另当别论。

✎ 林教授的科学养生笔记

水果可以分为两类：一类是摘下后就不能继续成熟的果实；第二类是摘下后会继续成熟的。

非常多的水果在摘下后会继续成熟，所以它们在短期存放的期间里，并没有降解的问题。

就营养而言，冷冻蔬果是绝对比不过新鲜蔬果的。

转基因食品的安全性

#黄豆、棉花、玉米、豆干、GMO

在报纸和电视里我们常会看到各式各样的广告，强调某某产品是用"非转基因"的作物（如黄豆）制成。我个人从事医学基因工程研究近三十年，对农业的基因工程也算了解，所以常被问到"转基因食物安全吗？"这样的问题。这篇文章就是我对于转基因的看法。

转基因食品（Genetically Modified Food，GMF）又称基因改造食品，是基因改造生物（Genetically Modified Organism，GMO）本身（如黄豆）或其制品（如豆腐）。反对 GMO 和 GMF 的人所提出的理由大致是：① GMO 会破坏生态，伤及益虫或产生超级野草；② GMF 会致癌，引起过敏或中毒；③ GMF 比较不营养。

◇◇转基因食品很安全

根据世界卫生组织的声明[1]，目前在国际上售卖的转基因食品都已通过风险评估，不大可能对人类健康有影响。再者，在已批准出售转基因食品的国家（如美国），没有证据显示它曾引起健康问题。至于是否会破坏生态，目前也没有可信的证据。再说转基因食品不够营养，大量的科学实验都无法支持这样的论点[2]。

生于 1973 年的英国人马克·利那斯（Mark Lynas）在 20 世纪 90 年代曾带头反 GMO，所以被"誉为"反 GMO 之父[3]。可是，他在 2013 年 1 月的牛津农业会议上发表演讲说[4]："我很抱歉自己在 20 世纪 90 年代中期帮助发动反对转基因的运动。我妖魔化这项可以造福环境的重要技术。"

他又说："对那些反转基因的说客，从英国的贵族、名人的厨师等，到美国的美食家、印度的农民团体等，我想说的是：你们有权拥有自己的观点，但是现在你们必须知道，你们的观点并不受科学支持。我们正在靠近一个危机点。为了人类和地球，现在是你们走开，让我们其余的人开始进行可持续地养活世界的工作。"

他 2015 年 4 月又在《纽约时报》（New York Times）发表了《我为何转为支持转基因食物》[5]。他说，因为从事气候变化的环保运动，需要科学证据做后盾，才自觉到，他对 GMO 的立场也应该有科学证据。所以，在研读了有关 GMO 的科学报告后，他的立场有了 180 度的转变。同年 7 月，他接受访问，继续阐述他从"反 GMO"到"亲 GMO"的心路历程[6]。

当然，就像马克·利那斯所说的，每个人都有权拥有自己的观点。但是，如果个人的观点只是基于对科学无知的恐惧，那是否就应该多向科学学习，而非只是盲目地听信谣言？

◇◇贩卖"非转基因"食品商家的诚信问题

讲完转基因食品安全无虞之后，现在来讲讲那些号称售卖非转基因食品的商家的诚信问题。这几年在美国的同乡会聚餐时，我们都采用 Potluck 模式，也就是每人带一道菜。由于在美国很难得吃到豆花，而我会做豆花（妈妈教的），所以，豆花就成为我的招牌菜，也很受欢迎。某次聚餐我把家里的黄豆库存用完后，就试着找网购。找来找去，每一家都是标榜"非转基因"。我心里就抱怨：别把我当傻瓜。可是，抱怨归抱怨，我还真想不出要如何搜索才能找到转基因黄豆。只要一输入"GMO soybean"，出来的一定是"non-GMO soybean"。没办法，最后只好放弃，拜托一位住在旧金山的朋友代购（旧金山的华人超市有放在桶子里的散装黄豆，而且没有标示"非转基因"）。

为什么我会抱怨"别把我当傻瓜"？因为，转基因黄豆目前的市场占有率是大于93%[7]。那为什么百分之百的商家都标榜非转基因？很简单，因为只有标榜非转基因，才会有人买。也就是说，既然你喜欢被骗，就别怪我骗。

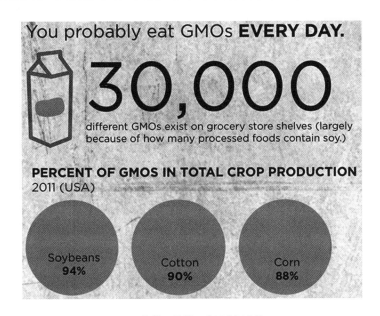

2011 年美国转基因食品市场占比

资料来源：gmosustainability.weebly.com

我以前曾写过这样一段话：我非常清楚，绝大多数的人宁可相信美丽的谎言，也不愿意听伤心的真话。但是，我的网站既是以揭露伪科学为宗旨，也就不得不甘冒惹读者伤心难过的大罪了。这段话，当然也适用于转基因、非转基因的话题。"既然你喜欢被骗，就别怪被骗。"只有像我这种 EQ 超低又不识相的人，才会一而再再而三地说出些让人伤心的真话。的确，随便上网一看，到处都是挞伐转基因的声浪，到处都是被耍得团团转的转基因恐惧症人士。

不过还好，尽管您是被耍了，已经吃下了一大堆转基因食物，但是，您大可放 120 个心。您唯一的损失大概就是花了些冤枉钱。您既不会因此得癌，也不会因此伤肝败肾。真是不幸中的大幸。最后，如果您知道哪里可以买得到诚实标榜"转基因黄豆"，请来信告知，我在这里先谢谢了。

◇读者回应

发表了以上文章之后，我收到几个读者的留言。其中两个是："黄豆转基因或非转基因，以我本人的浅见是转基因的黄豆外表看起来比较漂亮，非转基因的比较丑！（转基因的黄豆不需要用农药，因为虫虫不吃）。""台湾的大溪老街豆干和豆腐乳都有标示 GMO 黄豆制品。"

在讨论这两个留言之前，必须先让读者了解，我绝非在提倡转基因。事实上，就算全世界的转基因公司都倒闭了，也与我无关。我之所以会写有关转基因及瘦肉精的文章，只有一个目的，那就是希望读者不要被伪科学或谣言误导，而生活在恐惧中。（瘦肉精在台湾地区也是人人谈之色变，但其实美国所使用的瘦肉精是安全无虞，请看下一篇文章）

好，现在我来回答上面提到的第一个读者的留言：黄豆是否转基因，绝不可能从外表看出。唯一的鉴别方法是 DNA 分析。留言中另外一句"不需要用农药，因为虫虫不吃"也是谣言。事实上，之所以会有转基因黄豆的研发，就是为了能喷洒农药除草。（任何农作物的种植都会有杂草的困扰。而由于转基因黄豆带有一个抗杀草剂的基因，因此，大型农场就可以用飞机做空中喷洒杀草剂。）

至于第二个读者的响应，我上网看到黄日香豆干在 2015 年 12 月 20 日如此回应一位客人："目前本公司产品皆是以基因改造黄豆制造"。然后，我又看到黄日香最新的产品更是以粗黑字体标示基因改造，可见其诚意和诚信。

可是呢，我看到其他大溪商家都还是刻意标榜非转基因。所以，像黄日香这样诚实又有勇气的商家，可谓是凤毛麟角。我希望读者如果知道还有其他商家诚实标示转基因，请告诉我，我会在我的网站上向他们致敬。当然，我最终的目的还是要让读者知道，无须恐惧转基因。毕竟，转基因已经问世 20 多年了，连一个发病的案例都没有。

补充一：我曾在 2017 年 8 月 1 日发表《混沌文茜世界》[8]，批评《文茜的世界周报》编造转基因谣言。文章发表后约半小时，一位美国加大农艺学博士朋友在脸书上回应：人类已经进行基因改造几千年了，只是那时候的名字叫作"育种"。

补充二：上面提到的杀草剂，名叫 Glyphosate（品牌名是 Roundup）。它的应用不会增加黄豆的食品安全风险。请看书后附录中美国农业部的文件[9]。

✎林教授的科学养生笔记

世界卫生组织声明：目前在国际上贩卖的转基因食品都已通过风险评估，不大可能对人类健康有影响。

目前没有科学实验证据支持基因改造食物会破坏生态和比较不营养。

转基因黄豆目前的市场占有率大于 93%，但标示自己贩卖使用转基因黄豆的店家却少之又少。

黄豆是否转基因，绝无可能从外表看出。唯一的鉴别方法是 DNA 分析。

瘦肉精争议，不是食品安全问题

#美国猪、美国牛、克伦特罗、莱克多巴胺

2016 年 5 月，因为是否该禁止美国猪肉进入台湾地区的问题，瘦肉精的议题又在台湾地区吵翻天。而我们这群住在美国的台湾同乡周末聚在一起，一面看着新闻，一面不禁要问：为什么我们吃了二三十年的美国牛、猪肉，却从不知它们是有毒的？难道，我们都对瘦肉精有抵抗力，还是，我们已中毒太深，头壳坏去？

◇◇美猪瘦肉精不是食品安全议题

虽然"瘦肉精"用作饲料添加物，是美国人发明的，但翻译为"瘦肉精"这个词，则是百分之百的"中国制造"。

反过来看美国，虽然聪明到能发明这样神奇的药物，却笨到连个让老百姓能说出口的词都没有。我敢保证，你如果在路上随便问 100 个美国人有没有听过"瘦肉精"，99 个会跟你说：What?

当然，既然没有一个和"瘦肉精"意思相当的英文专有名词，想问也困难。事实上，英文里根本连个统一的词都没有。但基本上，你可以用 Beta-Agonist

Feed Additives 去搜寻。搜寻的结果，毫不意外，一定是有说好的，也有说坏的。但是，让我诧异的是，英语文章的论述，大多比较注重对牲畜不良的影响。而这种对动物人道的考量，将会比对人体健康的忧虑，更快迫使肉农放弃使用瘦肉精。

至于瘦肉精是否对人体有害，简单的答案是"安啦"。只要是按照法规生产的，没有任何科学证据显示，用瘦肉精饲养的肉品对人体有害。反过来说，在台湾地区和大陆，猪农非法使用毒性强、残余量高的瘦肉精，才是祸害的来源。也就是说，台湾地区吵的不是美国猪肉是否有毒，而是进口美国猪肉将会使台湾地区的猪农难以生存。这是个政治议题，不是食品安全问题。

◇有毒和无毒的瘦肉精不可混为一谈

"瘦肉精"这个词儿，虽然让人便于沟通，却容易让人误以为瘦肉精是一种单一的化学药剂。而这样的误会，正好让有心人士利用，把瘦肉精玩弄成食品安全问题。

事实上，瘦肉精共有40多种，有些有毒，有些无毒。在这里，所谓有毒和无毒，指的是该药剂在肉品的残留量，对人的影响。有毒的如克伦特罗（Clenbuterol），无毒的如莱克多巴胺（Ractopamine）。克伦特罗是禁药，与美国猪无关。莱克多巴胺是合法药，也就是添加在美国猪饲料里的药。美国有 3 亿多人口，包括数十万台湾地区移民，我们吃瘦肉精喂食的猪肉，已经吃了 16 年，但却没有任何一个发病的案例。这不是莱克多巴胺安全性的证据，什么才是？

台湾地区有位所谓的"瘦肉精专家"，到立法院作证，也对社会发表所谓专家的意见。他所用的资料都是来自针对克伦特罗的研究报告。但是，他不提克伦特罗，也不说莱克多巴胺，而只说"瘦肉精"[1]。所以，尽管克伦特罗与美国猪无关，我们却不能说他是在说谎。而只问选票在哪的政客们，不管是真不知实情，还是假不知，就把"专家意见"，再加油添醋，从而将一个完完全全无辜的瘦肉精（莱克多巴胺），扩大成可以动摇民心的食品安全问题。

真正有资格叫作瘦肉精专家的台湾大学兽医学院名誉教授赖秀穗，曾撰文建议政府解除莱克多巴胺为禁药的法令。他说："如能核准使用，一方面可降低养猪成本，提高竞争力；另一方面可杜绝非法使用毒性过高的瘦肉精，来危害消费者的健康。"[2]而"非法使用毒性过高的瘦肉精"，指的是台湾地区某些黑心农户，使用了例如克伦特罗等毒性高出莱克多巴胺2000倍的瘦肉精。依据"农委会防检局"对屠宰猪的抽检，2009年有0.81％，2010年有1.71％含有瘦肉精的残留[3]。

我要再次强调：瘦肉精是政治议题，不是食品安全问题，用食品安全问题来做掩饰，是无法解决台湾地区的猪农所面对的困难。用克伦特罗的食品安全数据来跟美方谈判，更是会被笑掉大牙，丢人现眼的。所有为台湾好的人，都应该摒弃用"食品安全问题"这个不可能成功的策略。我们应该做的是，把精力放在如何帮助猪农维持生计，看是要协助技术改良，辅助转型，还是给予补贴。不管哪一种方法，都远比炒作食品安全问题，来得实用有效。

补充说明：瘦肉精除了是政治议题之外，还有一些人道问题，因为瘦肉精的作用类似肾上腺素，会使猪焦躁不安并具有攻击性。而由于肌肉长期处于紧张状态，有些猪会四肢瘫软，无法行走或倒地不起。

🖊 林教授的科学养生笔记

瘦肉精分为有毒和无毒的。在台湾地区和大陆，猪农非法使用毒性强、残余量高的瘦肉精，才是祸害的来源。使用合法低毒性瘦肉精的美国猪，不能和此混为一谈。

瘦肉精是政治议题，不是食品安全问题。是否开放进口美国猪和牛，用食品安全问题来做掩饰，无法解决台湾地区的猪农所面对的困难。

红凤菜有毒传言

#血皮菜、蕨菜、鱼腥草、红苋菜

2017年7月，一位好友请我查证一则网络传言的真假。该传言的内容如下：

> 红凤菜含有吡咯里西啶类生物碱。它具有肝毒性，建议大家不要
> 食用这种野菜。红凤菜在分类学上属于菊科、千里光族、菊三七属。
> 20世纪，化学家就发现千里光族植物普遍含有吡咯里西啶类生物碱
> （PA），在动物身上做过了大量PA的毒性实验，证明它有强烈的肝毒性，
> 可以导致肝硬化。此外，它还能致癌、致畸形，并可导致原发性肺高压。
> 专家研究表明红凤菜的地上部分具有最强的肝毒性。因此，建议市民
> 最好不要食用红凤菜。

在分析这个传言的真假之前，我们要先搞清楚红凤菜和红苋菜有
何不同。红凤菜的植物学名为Gynura bicolor，而红苋菜的植物学名则为
Amaranthus tricolor。也就是说，它们在分类学上是属于不同属。就外观而
言，红凤菜的叶子是正面绿色，背面红紫色，而红苋菜的叶子是周边绿色，

中心红紫色，正反两面都一样。一般来说，红凤菜是用麻油姜丝炒熟，作为一种进补的菜（口感脆硬滑），而红苋菜则是和小鱼干一起炒熟，作为配饭的菜肴（口感软烂涩）。

红苋菜似乎没有什么毒不毒的争议，所以我们只讨论红凤菜。2013年8月13日的"四川在线"一篇文章的标题是《网传食用血皮菜可致肝癌调查：成都菜市场很好销》，第一段是：

> 进入夏季后，野菜血皮菜（也叫红凤菜）逐渐在成都菜市场上出现，不少市民以为这种野菜能够补血，常买回家凉拌或炒猪肝吃。近日，中科院植物研究所的博士刘凤在微博上称，血皮菜含有吡咯里西啶生物碱，具有肝毒性，建议大家不要食用这种野菜。

也就是说，早在 2013 年就有有关红凤菜有毒的传闻。但就是不知道为什么，这个传闻最近又热络起来。不管如何，的确是有文献说红凤菜含有吡咯里西啶类生物碱，这一生物碱的确具有肝毒性。譬如，一篇 2017 年 1 月 21 日发表的研究调查报告就是这么说，而它出自中国科学院植物研究所[1]。

但是，反过来说，一篇 2015 年出自长庚大学的报告却说红凤菜没有任何毒性[2]。还有，台湾癌症基金会的一篇文章说红凤菜有以下几个优点：例如，富含维生素 A 及 β–胡萝卜素，含铁量高，抗发炎，有助降血压，富含花青素，却完全没有提到红凤菜有毒[3]。

◇许多常见食物中都含有吡咯里西啶类生物碱

事实上，香港的食物安全中心有一份日期标示为 2017 年 1 月的"风险评估研究第 56 号报告书"[4]，而其标题就是《食物中的吡咯里西啶类生物碱》。我把其中的重点整理如下：

> 目前已从6000多种植物中发现超过660多种吡咯里西啶类生物碱及其相应的氮氧化衍生物。吡咯里西啶类生物碱是分布最广的天然毒素，有报告指出，人类会因使用了有毒的植物品种所配制的草本茶或传统药物，以及进食了被含有吡咯里西啶类生物碱的种子所污染的谷物或谷物制品（面粉或面包）而中毒。海外研究显示，人类进食蜂蜜、茶、奶类、蛋类和动物内脏，也会摄入吡咯里西啶类生物碱；不过，现时并没有这些膳食来源导致人类中毒个案的报告。

> 到目前为止，尚无人类流行病学数据显示，摄入吡咯里西啶类生物碱与人类患癌有关。一般而言，根据动物研究建立的基准剂量可信限下限计算所得的暴露限值若 ≥ 10000，从公众健康角度观之，值得关注的程度不高，并无采取风险管理措施的急切需要。

> 根据这次研究从膳食摄入吡咯里西啶类生物碱总量的结果，并无充分理由建议市民改变基本的健康饮食习惯。市民应保持均衡和多元化的饮食，包括进食多种蔬果，避免因偏食某几类食物而摄入任何过量的污染物。

从上面所列的重点可以得知，吡咯里西啶类生物碱并不是红凤菜特有的，而就摄取自食物而言，并无证据显示它真的具有风险。所以，我给读者的建议就跟上面最后一句一样：只要保持均衡和多元化的饮食，就无须担心红凤菜是否有毒。

◇事件后续补充

在前面文章发表的隔天（2017 年 7 月 13 日），刘夙在他的微博发表《不全是谣言！这 3 种蔬菜确实要慎吃》，从文章可以看出，网络流言是把刘夙所说的"红凤菜含有可能致癌的有毒物质"夸大说成"红凤菜是一级致癌物"。但是纵观整篇文章，刘夙的确是一再强调红凤菜的潜在危险，也的确建议尽量不要食用。这样的强调和建议，也许是出于好意，只不过文章并没有提到，人类因摄取吡咯里西啶生物碱而中毒的案例是少之又少，更不用说根本就没有因食用红凤菜而中毒的案例。但话又说回来，我不希望读者误以为我的意思是，可以完全放心地大吃红凤菜。上个周末我到一个朋友家，看到他的后院种了一大片红凤菜。这表示，他们夫妻两口子需要天天吃，才消得去这么多红凤菜。所以，我就跟他要说小心。

请读者注意，没有中毒的案例并不表示就是安全，也许肝脏有受损，但因为没感觉，就没去看医生，长期下来可能会有问题。我的建议是，如果是真的喜欢吃，那就偶尔为之。如果只是因为听说它能补血（或是其他传说中的好处），那就大可不必。

传言有好处的东西太多了，什么地瓜抗癌第一、洋葱护骨第一、木耳清血第一，你有几个肚子能吃得下这么多的"第一"？我一再强调，不要因为听说什么好，就拼命去吃什么。多样化的均衡饮食，才能获得全面性的营养素，也才能避免摄取过量的毒素。

✎ 林教授的科学养生笔记

吡咯里西啶类生物碱并不是红凤菜特有的，而就摄取自食物而言，并无证据显示它真的具有风险。

保持均衡和多元化的饮食，食用多种蔬果，避免因偏食某几类食物而摄入任何过量的污染物。

红凤菜的叶子是正面绿色，背面红紫色，而红苋菜的叶子是周边绿色，中心红紫色，正反两面都一样。

红凤菜　　　　　　　　　　　红苋菜

西红柿和马铃薯的生吃疑云

#龙葵碱、生物碱、生食、抗营养素、豆类

有次收看厨艺节目，听到一位知名的养生专家说：马铃薯不可以生吃是因为它含有龙葵碱，而龙葵碱是有毒的。我想很多人知道，发芽的马铃薯是不能吃的，原因是含有大量的龙葵碱。如果说，烹煮真的能够去除龙葵碱，那也就不用劝人不要吃已经发芽的马铃薯了。还有，没发芽的马铃薯只含有微量的龙葵碱，根本没有必要用烹煮去毒。由此可见，那位养生专家所说的，马铃薯不可以生吃是因为含有龙葵碱，则是完全错误。

那么，马铃薯不可以生吃的真正原因是什么呢？其实，也不只是马铃薯不可以生吃。凡是富含淀粉的植物，如米、麦、番薯等都需要煮熟，才适合人类进食。其主要的原因是，没有煮熟的淀粉不容易被消化，而当没被消化的淀粉进入大肠，就会成为细菌的食物，导致气体产生，造成腹痛。

◇抗营养素，不用太在意

还有一种说法是，马铃薯含有多种"抗营养素"，需要以高温烹煮去除。所谓"抗营养素"就是"会妨碍营养素被人体吸收的元素"，譬如，蛋白酶抑制剂：防止蛋白质的消化和随后的吸收，如大豆中的胰蛋白酶抑制剂；淀粉酶抑制剂：防止淀粉被消化和随后的吸收，存在于多种豆类中；植物酸：对矿物质如钙、镁、铁、铜和锌具有很强的结合力，导致沉淀，无法吸收，存在于坚果、种子和谷物的外壳中；草酸：会与钙结合，防止其被吸收，存在于许多植物中，尤其是菠菜；硫代葡萄糖苷：防止碘的摄取，影响甲状腺的功能，存在于花椰菜、西洋菜花和高丽菜中；类黄酮：会和金属（如铁和锌）结合，也可能沉淀蛋白质，广泛地存在于多种植物中；皂素：会刺激胃肠，造成红肿、充血，存在于豆类；红细胞凝集素：会与肠道黏膜结合而妨碍吸收，大量存在于豆类；抗坏血酸氧化酶（Ascorbate oxidase）：会破坏蔬菜和水果中的维生素 C，存在于葫芦科植物中。

　　有关"抗营养素"，网络上有数不尽的文章说它们是多么可怕。尤其是在台湾地区，有几位名医或名嘴就老爱说，生的蔬菜含有多种"抗营养素"，所以一定要煮熟才能吃。最常被他们说不能生吃的蔬菜是花椰菜、绿色花椰菜、高丽菜和蘑菇。的确，在台湾地区我从没看过色拉吧里有摆放这类蔬菜。可是在美国，这类蔬菜几乎是色拉吧里的必备，也是我的最爱。所以，我可以毫无保留地说，这类蔬菜的"抗营养素"，一点都不抗营养，生吃熟食两相宜。对大多数人而言，几乎所有的蔬菜都是可以生吃的。事实上，生吃和熟食一起来，人体更能够全面性地获得营养素。

　　在美国，几乎没有什么蔬菜是不能生吃的，只有一样例外，那就是豆类。生的豆类含有大量的红细胞凝集素，而此毒素是致命性的。还好，我们只需要用蒸或水煮 10 分钟，就可以将豆类中的红细胞凝集素减少 200 倍。但是，用慢锅煮是没有用的，因为 80℃以下的温度无法破坏红细胞凝集素。总之，所谓的"抗营养素"，是一个听起来很有学问，但却没有多大实质意义的名词。

◇◇成熟的西红柿很安全

一直以来，网络上都有谣言说西红柿不能生吃，因为它含有龙葵碱（Solanine），还说要避免龙葵碱中毒，一定得把西红柿煮熟。但是，也不知是故意，还是无知，这些谣言是把"成熟"和"煮熟"，混为一谈。

尚未成熟的西红柿是含有大量的龙葵碱（一颗约含30毫克），但是成熟的西红柿则仅含有少量的龙葵碱（一颗约含0.5毫克）。一个成人大约要吃下300毫克的龙葵碱，才会中毒。那，你会一次吃十颗又酸又苦的未成熟西红柿吗？就算是成熟的西红柿，你会一次吃600颗吗？

那些谣言说，要避免龙葵碱中毒，一定得把西红柿煮熟。但其实，龙葵碱是耐高温的，如果西红柿真的有毒，那再怎么煮也没有用。根据一篇美国国家环境健康科学研究所的论文，用水煮（100℃）对龙葵碱没有影响，用微波炉则可降低龙葵碱含量15%，而如果是油炸，则需要达到170℃，才可将龙葵碱完全破坏。所以，劝人家要把含有龙葵碱的植物（如龙葵菜）煮熟吃，非但不是助人，反而是害人。

总之，是"还没成熟"的西红柿，而非"还没煮熟"的西红柿，才会含有大量的龙葵碱。也就是说，只要是成熟的西红柿，不管生吃还是熟食，都是百分之百的安全。

✎林教授的科学养生笔记

发芽的马铃薯不能吃，是因为含有大量的龙葵碱，而且龙葵碱耐高温，不能用高温烹煮去除。

凡是富含淀粉的植物，如米、麦、番薯、马铃薯等都需要煮熟，才适合人类进食。

花椰菜、绿色花椰菜、高丽菜和蘑菇不论生吃或熟食都很健康。

生的豆类含有大量的致命性毒素红细胞凝集素，所以不能生吃。

只要是成熟的西红柿，不管生吃还是熟食，都是百分之百的安全。

铝制餐具和含铅酒杯的安全性

\#铝中毒、阿尔茨海默病、肾脏病、水晶酒杯、铅中毒、斟酒器

读者翟先生写信问我："使用铝锅会导致铝中毒吗？阿尔茨海默病是因为铝中毒吗？"，而"铝锅是否有毒"这个问题，其实 30 多年前就已经和我擦身而过。那是我刚拿到博士学位，到加州医学研究所工作的时候，一位美国同事跟我提起铝锅有毒，只记得当时我稍微查了一些数据就不了了之。后来，进入网络时代之后，我还是会隔三岔五地收到相关的电子邮件，也断断续续做了一些搜寻和研究。如今，收到这位读者的电子邮件之后，我又做了新一轮的搜寻和研究，在 30 年之后正式解答这个问题。

在谈"铝锅是否有毒"（我的网站上，还有铝罐沙茶酱的谣言，一样归类为铝中毒的问题）之前，我们要先了解铝本身是否有毒。首先，我举两个大多数读者应该都有亲身经验的例子。您喜欢吃油条吧，那您知道油条为什么会酥脆吗？答案是，因为添加了膨松剂明矾。明矾的化学式是"十二水合硫酸铝钾"〔$KAl(SO_4)_2 \cdot 12H_2O$〕。所以，油条是一种添加了铝的传统食物。还有，很多西药（包括抗酸剂和阿司匹林）都含有氢氧化铝。所以，铝不但是食品添加物，也是西药的成分。

好，现在您对铝有个初步的了解之后，我可以继续说下去了。有关铝对健康影响的医学研究已经进行了超过一个世纪，而论文的数量也已经累积到了超过 6 万篇。所以读者应该可以理解，我不可能用两三页的文章来窥究铝的全貌。

◇◇铝食器造成中毒风险不高

事实上，美国卫生部在 2008 年发表了一份长达 357 页，标题为《铝的毒性研究》[1] 的报告，深入地讨论铝对健康影响。有兴趣深入研究的人，可以去看这份巨著。在这里我只简单地说，铝在被吃进肚子后，99% 会随着粪便排出体外。剩下的 1% 会进入血液循环，然后随着尿液被排出体外。但如果肾功能有问题，就可能会出现铝中毒。

有关我们平常使用的铝锅、铝罐、铝箔纸等，它们的确都会释放铝，但由于铝不易被吸收，又容易被排泄，所以从这些器具所摄取到的量，对肾功能正常的人是不构成威胁的。

当然，没有什么东西是百分之百安全的。所以，如果您还是担心铝中毒，那就尽量避免使用铝制品吧。

◇◇铝与阿尔茨海默病无关

至于"阿尔茨海默病是因为铝中毒吗"，我先回答，阿尔茨海默病的病因错综复杂，绝非铝中毒或其他任何单一的事或物可以解释。

事实上，尽管已经研究了超过半个世纪，目前正统医学界里应该没有人敢百分之百地说，铝是或不是阿尔茨海默病的肇因（之一）。强烈说是的一方，会留空间给不是的一方，例如这篇 2014 年的论文《铝和其对阿尔茨海默病的潜在影响》[2]。而强烈说不是的一方，也会留空间给是的一方，例如这篇 2014 年的论文《铝的假说已经死亡？》[3]。

目前，美国官方的卫生部以及民间的阿尔茨海默病协会，都是认为铝与阿尔茨海默病无关。例如，阿尔茨海默病协会就将"铝罐饮料或铝锅烹煮会引发阿尔茨海默病"定位为疑惑[4]。

总之，根据我个人 30 多年来断断续续的研究，我们并不需要担心日常生活中所接触到的铝制品。但如果您有肾脏病，可能就需要尽量避免。

◇◇含铅酒杯与铅中毒风险确有可能

在了解铝餐具的安全性问题之后，我们来讲一个比较可能发生的铅中毒状况。2018 年 1 月，我参加了台湾同乡会举办的葡萄酒品酒会，会中请品酒达人沈医师来讲解。他提到酒杯是用含铅玻璃做的，与会者就问我，这不会造成铅中毒吗？

没错，医学文献里的确是有这样的报道，例如，1972 年的论文《由于鸡尾酒杯引起的一家人铅中毒》[5]、1976 年《鸡尾酒杯引起的铅中毒：对两位患者所做的观察》[6]、1977 年《鸡尾酒杯引起的铅中毒》[7]。医学文献里也有研究酒杯释出铅量的报告，例如，1991 年《来自含铅水晶的铅接触》[8]、1996 年《来自含铅水晶酒杯的铅游离》[9]。

那酒杯为什么会含铅，含铅的酒杯又为什么没被禁用？含铅玻璃（Leaded glass）有个美丽的外号叫水晶（Crystal）。但那是误称，因为它实际上并无晶体结构（Crystalline structure），它之所以会看起来亮晶晶的，是因为铅增加了玻璃对光的折射率（Refractive index），而由于含铅玻璃在加热后，能保持较长时间的延展性，所以艺术家或工匠可以有较充分的时间来塑型。如果不是有这个特性，水晶工艺也就不存在了。所以，酒杯为什么会含铅，就因为它看起来漂亮，而不是因为它较坚固（有这一误会）。

那含铅酒杯安全吗？含铅酒杯的确会释出铅到酒里，但在一般情况下，这个量不会对健康构成威胁。这也就是为何含铅酒杯没被禁用。不过如果长时间（如一晚上）将酒存放在含铅杯子里或瓶子里，这样的酒可能就会对健康构成威胁。

例如，常见有人将酒存放在斟酒器里，那可就是相当危险。当然，如果想完全避免危险，那就完全不要用含铅的容器。另外可以考虑只有在社交或宴会场合才用含铅酒杯。平常在家喝酒就只用非含铅酒杯，即可大大降低铅中毒的风险。含铅酒杯除了看起来较亮丽外，在用金属餐具（汤匙、刀子）敲击时，也会发出较清脆持久的声音。所以，读者如果不想用含铅酒杯，不妨用这个办法来区分。

🖊 林教授的科学养生笔记

平常使用的铝锅、铝罐、铝箔纸等都会释放铝，但由于铝不易被吸收，又容易被排泄，所以它不会对肾功能正常的人构成威胁。

目前为止，美国官方的卫生部以及民间的阿尔茨海默病协会，都是认为铝与阿尔茨海默病无关。

含铅酒杯的确会释出铅到酒里，但在一般情况下，这个量不会对健康构成威胁。但酒若长时间被放置在含铅杯子、瓶子或斟酒器中，确实会对健康造成威胁。

Part 2
补充剂的骇人真相

日常广告里每天说维生素补充剂抗氧化、酵素饮料美颜、益生菌抗过敏……每年消费者花几万元买的大罐小罐，真的有效吗？最新科学论文告诉你 300 亿美元补充剂的商机真相。

维生素补充剂的真相（上）

#维生素中毒、天然、维生素 C、滥用、补充剂

到底需不需要吃维生素？曾经有位朋友当面问我这个问题。他因平日公务繁忙，所以夫人要他每天吃维生素补身体。虽然他自己认为没必要，可是一来不忍拒绝夫人好意，二来他也说不出个"不"字的理由，所以询问我的意见。以下是我整理多篇科学论文，综合给他和读者的建议。

◇微营养素从日常饮食摄取就够

维生素共有 13 种，而它们都是"微营养素"。"微"的意思是说，一点点就够了。要摄取这一点点，平日三餐的均衡饮食也就够了。"微"的另外一个意思是，很容易被超过。既然平日三餐就够了，再吃药丸补充，当然就超过了。

可是很多人以为吃得越多越好，所以维生素过量是一个很普遍的问题。美国每年有 6 万个维生素中毒的案例，被报告到毒物控制中心[1]。这 6 万个案例是严重到需要被报告到毒物控制中心，那没那么严重的，可是已经超量的案例有多少，60 万还是 600 万？想知道更多关于维生素中毒的症状，读者可参考书后附录的《维生素的毒性》[2]这篇文章。

2012 年发表的一篇报告[3]，总共分析了 78 个随机临床试验，其中接受调查的人数近 30 万。结果发现，维生素 E 和胡萝卜素（维生素 A）补充剂会增加 5% 的死亡率。而维生素 C 则既没有好处，也没有坏处。

台湾地区也有一些官方以及专家们谈论维生素滥用的文章。毒物科医师林杰梁就曾在文章中举例，香港有位小孩因食用过量含维生素 A 的鱼肝油，得了肝硬化[4]。另一篇文章《维生素补过头，恐增罹癌风险》[5]，标题就已经很明白了。这么多的文章都是劝读者只要饮食均衡，就可摄取足够的维生素。

◇补充剂是在浪费金钱

2018年6月有一篇正式发表的研究论文，标题是《维生素和矿物质补充剂用于心血管疾病之预防和治疗》[6]。这篇论文是由来自世界各国的39位医生、营养师和科学家共同撰写完成。他们分析了2012年到2017年期间发表的所有有关补充剂与心血管疾病以及死亡率之间关系的研究报告（共179篇），结论是：维生素和矿物质补充剂非但无益于心血管疾病的预防或治疗，而且在某些情况下反而有害。例如，维生素A、维生素B$_3$、维生素C和维生素E都与死亡风险的增加有关。

对于这样的结论，媒体当然会征询专家的意见，而他们都异口同声地说"意料中事"。既然专家们都知道补充剂非但无益反而有害，为什么大众还照样在花大笔大笔的钱吃这些可能有害健康的药呢？有关补充剂非但无益反而有害的文章，我已经写了数十篇，但每隔几天，还是会收到读者询问：真的是这样吗？唉，这根深蒂固的毒瘾，要怎样才能拔除呢？

◇◇天然和合成维生素的疑惑

有位读者曾经对我说："我吃的是天然的综合维生素，而非合成的。"所以我问："天然的综合维生素是什么，是从动植物中萃取出来的，还是罐子上写着天然的人工药片？"其实，大多数读者对"天然"两字有很大的误解。

从这个例子就可看出，"天然"这个词现在几乎已经等同于"骗你傻乎乎"了。台湾的"环境信息中心"在 2014 年 2 月发表一篇题为《食管局没定义，美食品狂打天然》[7] 的文章。它的第一段是：美国预先包装好的食物产品，打着天然的标志上架，但骨子里却满是人工添加剂，原因是美国根本没有定义什么是"天然"。

没错，FDA 没有对"天然"下定义，法律上当然也就不能追究某某标榜天然的产品是否造假。科学上，也一样无法定义什么是天然。纵然是从动物或植物萃取出来的营养素，在萃取、纯化及制剂的过程中，一定需要使用一些物理或化学方法来处理。所以，就算源头是天然，但最后的产品却可能已经远远偏离天然了。

严格来说，所有天然的维生素只存在于食物里（维生素 D 是在阳光照射下，人体可以自己合成），而它们一旦被萃取出来，就再也不是天然的了。所以，您如果相信"合成的"不好，那您也就只能从食物和阳光中来摄取维生素。

◇◇只有 1% 的人需要维生素补充剂

好消息是，对绝大多数人（99%）而言，食物和阳光的确就可以提供足够的维生素。坏消息是，对同样的这些人额外补充（罐子里的）维生素，却可能会增加死亡率。

所以，维生素是否天然，并不是一个问题，问题而是"到底需不需要补充"。

真的需要补充维生素的人不多，大约只有 1%，例如，吃全素（蛋都不吃）的人需要补充维生素 B_{12}。尽管市面上大多数的维生素 B_{12} 补充剂是合成的，却还是有效的 [8]。

还有，住在阳光不足地区的人，尤其是发育中的小孩，需要吃维生素 D 补充剂。也就是说，只要是在"需要吃才吃"的情况下（而不是额外补充），合成的维生素才是既安全又有效的。

我之所以这么肯定，是因为这 100 多年来，有关维生素的研究已经累积了超过 30 万篇的论文，而这里面，绝大多数是针对合成的维生素而做出来的（毕竟天然维生素不易取得）研究。合成的维生素被滥用对人的身体是有害的。很不幸的，在美国有 1/3 的人滥用维生素，而其他国家和地区滥用维生素的人也不少。

◇◇维生素的最佳来源？你的盘子，不是你的药柜

讲个悲哀的笑话：内人的一群大学同学来访加利福尼亚州，借宿在我家。他们都知道我反对吃维生素补充剂，所以就偷偷地去买维生素要带回台湾。被内人知道后，就推说是亲友拜托买的。哈！不愧是我忠实的粉丝（其实我知道他们真正的用意是在做功德，促进经济发展）。

最后，补充一篇哈佛医学院发表的文章，标题是《维生素的最佳来源？你的盘子，不是你的药柜》[9]。对于维生素补充剂还有疑问的读者，这篇文章的标题，已经下了很好的结论。我在附录中附上历年来关于维生素补充剂会提高死亡的论文，有兴趣的读者可以自行参阅书后的补充数据 [10]。

✎林教授的科学养生笔记

　　维生素共有 13 种，都是"微"营养素，从平日三餐的均衡饮食摄取就够了，再吃药丸补充的话很容易过量，反而对健康有害。

　　维生素和矿物质补充剂，非但无益于心血管疾病之预防或治疗，在某些情况下反而有害。例如，维生素 A、维生素 B_3、维生素 C 和维生素 E 都与死亡风险之增加有关。

　　严格来说，所有天然的维生素就只存在于食物里（维生素 D 是在阳光照射下，人体可以自己合成），而它们一旦被萃取出来，就再也不是天然的了。

维生素补充剂的真相（下）

#隐藏成分、桔青霉素、西布曲明、补充剂

◇营养补充品的潜在危险：隐藏成分

2016 年 7 月，我在一天内收到了五封来自美国 FDA 的电子邮件，通知有 5 种瘦身药被验出含有隐藏成分"西布曲明"（Sibutramine），它会大幅提高血压和心率，并且会和某些药物交互作用，对生命构成威胁。

其实，隐藏成分的滥用，在营养补充品界远比瘦身药来得严重。FDA 已经发现了超过 500 种营养补充品掺有隐藏成分，包括兴奋剂、类固醇、抗抑郁药、减肥药和勃起功能障碍用药。这些药均可引起不良的副作用，甚至与心脏药或其他处方药一起服用时可能致命。

正规药品在上市前须经过广泛的测试，证明其效力和安全性，但营养补充品却不需要经过这些测试。此外，补充剂的制造商可以在缺乏证据的情况下，宣称自己的产品能增进健康，也难怪大众会感到困惑。

例如，综合维生素是人们常用来预防心脏病的营养补充品，但已被证明无效。同样，红曲米补充剂被认为对降低胆固醇"可能有效"，但在一项研究中，有 1/3 的产品，被发现受到桔青霉素的污染。

◇补充剂市场的庞大商机

2018年2月，美国医学会期刊（JAMA）发表《维生素和矿物质补充剂：医生需要知道的事》（Vitamin and Mineral Supplements：What Clinicians Need to Know）[1]，作者是两位哈佛大学预防医学系的教授。从标题可知，这篇文章是写给医生看的，主文超过非医学专业人士所需要知道的。所以，我只将引文翻译如下，供读者参考：

> 膳食补充剂在美国是一个价值300亿美元的产业。市场上有超过9万种这类产品。在最近的全国调查中，52%的美国成年人回答至少使用了一种补充剂，而10%的回答使用了至少4种这样的产品。在所有补充剂中，维生素和矿物质是最受欢迎的。约48%的美国成年人服用维生素，而约39%的美国成年人服用矿物质。

> 尽管如此受欢迎，大多数维生素和矿物质补充剂的临床试验并没有显示出，它们对于疾病的预防有明显的益处。事实上，一些试验表明，过量的补充，例如，高剂量的β–胡萝卜素、叶酸、维生素E或硒，反而可能会产生有害影响，包括死亡率上升、癌症和出血性中风。

> 在本文，我们提供信息帮助临床医生解决患者的微量营养素补充剂的常见问题，及促进适当的使用和遏制这些补充剂在一般人的不当使用。重要的是，临床医生应该跟他们的病人说，补充剂不能替代均衡的饮食，而且在大多数情况下，它们几乎没有任何益处。

> 临床医师更应该强调，从食物中获取维生素和矿物质的许多优点（而不是从补充剂中获得）。食物中的微量营养素通常被人体吸收较好，且潜在的副作用较少。健康饮食提供了一系列生物学上最佳比例的营

养素，而这是高浓度补充剂所无法做到的。事实上，研究表明，有益健康的结果是较常与整体膳食有关，而较少与单独营养素有关。

哈佛医学院助理教授彼得·科恩（Pieter A. Cohen）博士说："只要饮食均衡，就不需要添加任何营养补充品"。而我也在自己的网站上，发表过数十篇有关维生素和补充剂的文章。这样苦口婆心、不厌其烦地劝读者不要吃所谓的营养品或补品，但我想绝大多数读者还是把忠告当成耳边风，持续每天吃维生素和补充剂。希望看完这本书的读者，可以至少理解这件事情，我也算是功德无量了。

🖊 林教授的科学养生笔记

FDA 已经发现了超过 500 种营养补充品掺有隐藏成分，包括兴奋剂、类固醇、抗抑郁药、减肥药和勃起功能障碍用药。

正规药品在上市前须经过广泛的测试，证明其效力和安全性，但营养补充品却不需要经过这些测试。此外，补充剂的制造商可以在缺乏证据的情况下，宣称自己的产品能增进健康。

补充剂不能替代均衡的饮食，而且在大多数情况下，它们几乎没有任何益处。

一些试验表明，过量的补充，例如，高剂量的 β- 胡萝卜素、叶酸、维生素 E 或硒，反而可能会产生有害影响，包括死亡率上升、癌症和出血性中风。

维生素 D，争议最大的"维生素"

#荷尔蒙、补充剂、类固醇、阳光、鱼肝油

我已在自己的网站发表了 25 篇与维生素 D 相关的文章，包括它是如何被发现，如何被错认为是营养素，如何被医师滥开，如何被民众滥用等。本篇所提供的只是一些初步的简短介绍。我希望将来有机会出一本专书，来对抗这一医学界的疑惑洪流。

◇维生素 D 其实是类固醇荷尔蒙

1922 年，美国生化学家艾尔默·马可伦（Elmer McCollum，1879—1967）发现鱼肝油可以治疗"佝偻病"（小孩子骨骼发育不良）。他把鱼肝油里的有效元素命名为维生素 D。这个发现很了不起，但这个命名，却为后来有关维生素 D 的应用与研究埋下祸根。

我在文章后半部分会详细解释维生素 D 的正确分类是"类固醇荷尔蒙"，而所有的"类固醇荷尔蒙"都具有一个共同特性，那就是，它们都"既能载舟，也可覆舟"。也因为如此，要使用"类固醇荷尔蒙"做治疗或补充，都必须通过审慎的风险评估。譬如，不论是男性荷尔蒙还是女性荷尔蒙，都需要医师处方才能服用。可是，因为维生素 D 被定位为维生素，所以到处买得到，任何人都可以自由服用。

同样，由于大多数的研究把维生素 D 看待为营养品，所以它们的实验结果不但正反两面都有，而且往往互相抵触。男性荷尔蒙或女性荷尔蒙在我们身体里的量会高低起伏，是正常现象。但很奇怪地，为什么同样是"类固醇荷尔蒙"的维生素 D，就被认为需要维持在一个理想水平？想想看，如果把男性荷尔蒙或女性荷尔蒙视为营养品，从而建议人们需要把它维持在一个理想的水平，那后果将会是如何不堪设想？

由于医学界到现在还是甩不掉"维生素 D 是营养素"这个旧思维，所以五六十年来投入了庞大的资金和人力后，还是搞不清楚到底要补还是不要补。姑且不谈什么糖尿病和癌症等非骨骼方面的研究，毕竟，维生素 D 在非骨骼方面的作用，本来就一直搞不清楚。纵然是在骨骼方面的研究，维生素 D 到底是好还是坏，也一样没有定论。例如，一篇 2010 年发表在美国医学会旗舰刊物《JAMA》的研究指出，高剂量的维生素 D 会增加骨折的风险[1]。但另外也有研究指出，维生素 D 不会减少骨折的风险[2]。

想要拨云见日的当务之急就是，彻底接受"维生素 D 是荷尔蒙，而不是维生素"，这一事实。就像男性荷尔蒙或女性荷尔蒙一样，维生素 D 在发育期间，必须得到充足的摄取。但一旦过了发育期（或停经期），就应当让这些"类固醇荷尔蒙"顺其自然地起伏。

所谓顺其自然，就是晒晒太阳，均衡饮食，无须刻意补充。要知道我们平常购买的食品里已经有添加维生素 D（牛奶、果汁、早餐谷类等）。所以，除非是贫困地区的人，否则发生维生素 D 不足的现象是不太可能发生的。而且从饮食中摄取维生素 D，有可能会因为过量而造成中毒（添加维生素 D 曾造成广泛的中毒，大多数欧洲国家禁止在牛奶里添加维生素 D）[3]。但晒太阳摄取的维生素 D，则不可能会过量。因为这条路线里设有安全控制，过多的维生素 D 会被阳光分解[4]。

我曾提过，维生素 D 不是维生素，而是一种荷尔蒙。它之所以被误认为维生素，是因为它最初是在鱼肝油里被发现的。可是后来研究证明，我们人类只要晒太阳，就能获得维生素 D。所以，既然维生素 D 不是源自食物，它就不应当被归类为维生素。事实上，不论是它的分子结构还是生理作用，维生素 D 的正确分类都应当是属于"类固醇荷尔蒙"。

在人体里自然合成的类固醇荷尔蒙大约有 10 种，而一般人最常听到的，应该是男性荷尔蒙（睾固酮）和女性荷尔蒙（雌激素）。顾名思义，"类固醇"就是"类似固醇"，它们之所以会被称为"类固醇"，是因为其分子结构都类似固醇。

固醇在我们身体里，通过不同的生化反应后，会转化成十几种不同的类固醇荷尔蒙。譬如维生素 D 是从皮肤里的 7- 脱氢胆固醇（7-dehydrocholesterol），是经由阳光里的紫外线照射，转化而成的。类固醇的生理作用主要是由细胞里的"类固醇受体"来媒介。每一种类固醇都有它自己特定的"类固醇受体"，譬如男性荷尔蒙受体、女性荷尔蒙受体、维生素 D 受体等。

◇维生素 D "可以载舟，亦能覆舟"

每一种类固醇和它特定的类固醇受体在细胞里结合后，会进入细胞核，然后再与特定的基因结合，从而激活该基因。虽然维生素 D 最为人所熟知的功能是促进骨骼发育，但事实上，维生素 D 受体存在于我们全身上下。也就是说，维生素 D 会作用在我们身体的各个部位，包括骨骼、心、脑、肝、肾、肺、胃、肠等。所以，维生素 D 对健康的重要性，被认为是全面性而不可或缺的。但事实上，有"维生素 D 受体"并不表示维生素 D 就会带给你好处。举个例子，裸鼹鼠的肠子和肾脏有维生素 D 受体[5]。但是裸鼹鼠不但不需要维生素 D，而且还会因为被喂食维生素 D 而死翘翘[6]。

就人类而言，医学界也都知道所有的类固醇都是既能"载舟"，也可"覆舟"。譬如，缺乏女性荷尔蒙会导致骨质疏松，但女性荷尔蒙也会诱发乳腺癌。大家也都听过运动员因为服用男性荷尔蒙而被禁赛。男性荷尔蒙会促进生长的，不只是肌肉，而且还有前列腺癌。同样，维生素 D 是维持健康所必需的，但它也会造成许许多多毛病，包括器官钙化、心脏病及肾脏病等。

◇额外补充荷尔蒙须付出代价

那我们到底该怎么办，才不会被"覆舟"呢？读者应该知道男性荷尔蒙在三四十岁之后就开始走下坡，女性荷尔蒙在停经期也会突然减少。也就是说，荷尔蒙的高低起伏是自然现象，只能怪岁月不饶人。

如果你不认老，想补充这些荷尔蒙，可能要付出很高的代价，包括得癌症，甚至赔上性命。那维生素 D 是否也是岁月不饶人？的确如此。随着年纪的增长，我们皮肤里的 7- 脱氢胆固醇会减少。所以，在接受同样阳光照射的条件下，老年人所能获得的维生素 D 是远不如年轻人。

那我们是否需要用吃的来弥补随岁月流失的维生素D？这个议题，在医学界已经吵了50多年，还是吵不出个结论。为什么？因为很不幸，绝大多数的"专家"一直把维生素D当成是维生素。如果他们能从荷尔蒙的角度来探讨，那情况可能就不会如此复杂。

总之，在这50多年来，花了成千上亿的研究经费，做了数百个临床试验，最后的结论是，"佝偻病"是维生素 D 补充剂唯一被证实有预防或治疗效果的疾病。

✎ 林教授的科学养生笔记

所有的类固醇荷尔蒙都"既能载舟，也可覆舟"。缺乏女性荷尔蒙会导致骨质疏松，但女性荷尔蒙也会诱发乳腺癌。男性荷尔蒙会促进生长的，不只是肌肉，还有前列腺癌。维生素 D 是维持健康所必需的，但它也会造成器官钙化、心脏病及肾脏病。

吃补充剂来摄取维生素 D，有可能会因为过量而造成中毒，但晒太阳摄取维生素 D，则不可能会过量。

目前，只有佝偻病是维生素 D 补充剂唯一被证实有预防或治疗效果的疾病。

酵素谎言何其多

#酵素、酶、胜肽、保健食品、水解酶

2018 年 4 月，有位台大相关科系的硕士毕业生，向我征询有关酵素保健品的看法。在讨论中，她提到一个我很早就想写，但一直犹豫的议题。之所以犹豫，是因为这个议题所牵扯的科学知识，较难解释给一般大众。这位读者说，某家知名保健品公司将植物中营养成分以及酵素萃取出来制成饮品，而有一位药剂师在他的网页介绍了这一产品，明着表示中立，暗着却是在推销。

其实，这种所谓的酵素饮料，在美国、日本、中国的台湾地区，都是琳琅满目，而它们的广告，不论是英文的还是中文的，都让人瞠目结舌。就拿读者提到的那个品牌来说好了。在它的网页所公布的"原液内含酵素分析表"里，生物界里的6大类酵素全都被包括了，而其中的"氧化还原酶"这一类，共概括了27种酶。酵素也叫作酶，共有6大类别，分别是氧化还原酶（Oxidoreductases）、转移酶（Transferases）、水解酶（Hydrolases）、解离（裂解）酶（Lyases）、异构酶（Isomerases）、连接（合成）酶（Ligases）。

◇绝大多数的口服酵素都没有效果

氧化还原酶存在于生物细胞内，而也只有在细胞内，它们的功能才会影响到我们的身体健康。把它们放在饮料里，喝进肚子，除了被消化液分解成氨基酸之外，是没有任何生理功能的。

其他五大类酵素中的四大类，也都是存在于细胞内。把它们喝进肚子，最后都会被分解成氨基酸，并不能起到任何生理作用。只有水解酶这一类的酶（例如菠萝酵素和木瓜酵素），是在细胞外工作，算是勉强可以作为口服的药剂或保健剂（纳豆酶也是一种水解酶）。

但纵然如此，水解酶也通常是需要肠溶衣的保护（做成药片），才能避免被胃酸破坏。请看 2017 年 8 月的一则新闻："菠萝酵素有抗发炎的效果，不少处方药也有菠萝酵素的成分。台湾"食药署"表示，这些口服药品经特殊剂型设计，才可顺利通过胃酸环境，于肠道中溶离后吸收并发挥疗效。"[1]

大多数读者可能不会注意到，我说"算是勉强可以作为口服的药剂或保健剂"，是什么用意，因为像菠萝酵素这类水解酶，当被用于口服时，目前医学界是采取一种"默许"的态度，因为此类酵素似乎有些功效，副作用也轻微，可是却没有人能合理解释它们如何进入人体。毕竟，它们是蛋白质，所以不可能通过肠道进入血液循环系统。

新西兰梅西大学（Massey University）的消化生理学教授保罗·摩根（Paul Moughan），就在 2014 年发表的论文《成年人的健康肠道是否可以吸收完整的胜肽》[2] 里说：总体而言，我们得出的结论是，鲜少有明确的证据表明，除了二肽和三肽之外，饮食生物活性肽可以完整地穿过肠壁并以生理相关浓度进入肝门系统。

瑞典乌普萨拉大学（Uppsala University）的药剂系教授波·阿图桑（Per

Artursson）也在 2016 年发表的文章中[3]表示：医药界在经过了 100 多年的努力之后，还是无法制作出一个可以被肠道吸收的胜肽药品。也就是说，从植物中萃取出来的酵素放在饮料里，是不可能有任何保健功能的。那位帮"某某酵素饮料"做介绍的药剂师，有这么一说："连续饮用快一个月，说有什么差别！感觉不出来。"他的文章里，只有这句话是值得相信的。

✎ 林教授的科学养生笔记

2014 年的论文结论：鲜少有明确的证据表明，除了二肽和三肽之外，饮食生物活性肽可以完整地穿过肠壁并以生理相关浓度进入肝门系统。

从植物中萃取出来的酵素放在饮料里喝进肚子，是不可能有任何保健功能的。

抗氧化剂与自由基的争议未解

#自由基、老化、维生素C、维生素E、抗氧化剂矛盾

抗氧化剂是否对健康有益，从1950年初次发现以来到现在，科学界还没有定论。不过，有越来越多的证据显示，服用抗氧化剂不但对健康无益，还可能有害身体健康。

抗氧化剂，顾名思义就是能"抗氧化"的东西，是补充剂之中的一类。β-胡萝卜素、维生素C、维生素E，既是维生素，也是抗氧化剂。食物暴露在空气中会被氧化，导致颜色变黑和味道变臭。所以，包装的食品通常会加入抗氧化剂，来延缓食物被氧化。

那为什么现在流行"吃"抗氧化剂来养生保健，难道它也能延缓我们变黑变臭？抗氧化剂的故事需要追溯到1950年，一位名叫邓哈姆·哈曼（Denham Harman，1916—2014）的美国研究员，有一天他突发奇想：啊，老化是因为自由基在作怪！Free Radical现在多被翻译成"自由基"，但翻译成"自由激进分子"，似乎更恰当。

"自由基"是呼吸和代谢的副产品。它在哈曼的眼里，就是个不折不扣的激进分子，到处乱窜并破坏。不论是脂肪、蛋白质还是DNA，都会被它破坏，结果就是加速细胞老化和死亡。

没错，就像空气中的氧会让食物变坏一样，自由基会催化我们变老。这个理论本来只是用来解释老化，但渐渐地被扩展到可以解释所有与老年有关的疾病，包括癌症、关节炎、心血管疾病、老人失忆症、糖尿病、性无能等。

既然抗氧化剂能延缓食物氧化，把它拿来吃，是不是也能延缓我们衰老？果然，之后的许多实验显示，多食用蔬菜和水果的人，比较不会得老人病，寿命也较长。而蔬菜和水果都含有丰富的抗氧化剂，如维生素 C、维生素 E 和胡萝卜素。那吃得越多，不就会越健康长命吗？自此，保健食品公司就开始呼吁大众多吃抗氧化剂补充剂。

结果呢？ 2007 年发表的一篇大型分析研究[1]，总共分析了 68 个随机临床试验，包括了 23 万多位接受调查的参与者。结果发现，维生素 E 补充剂和胡萝卜素补充剂会增加 5% 的死亡率；维生素 C 补充剂既没好处，也没坏处。2012 年发表的另一篇报告[2]，把调查的临床试验增加到 78 个，接受调查的人数增加到近 30 万，得到的结论跟 2007 年的一样。不只是对影响寿命的调查，所有和衰老有关的疾病的调查，结果都显示，抗氧化剂不但无益，反而有害。

更不可思议的是，所有的动物实验都发现：自由基多的动物比自由基少的动物活得更久更健康。你也知道运动对健康有益，那运动是会增加自由基，还是减少自由基？当然是增加。所以，自由基到底是好还是坏？

◇抗氧化剂矛盾

你如果到网络医学图书馆（PubMed）搜寻有关抗氧化剂的文献，会看到一篇又一篇的"抗氧化剂矛盾"（Antioxidant Paradox）。也就是说，医学研究人员也都在问这到底是怎么回事？

连通俗的科学杂志《科学美国人》（Scientific American）也发表了一篇《自由基老化理论是否已死》[3]。老实说，没有人知道，到底是怎么回事。但是，渐渐形成的共识是：自由基的确有破坏性。而我们的身体为了避免被破坏，会加强防卫能力。而也就是这个升级的防卫能力，使得我们更健康、更长寿。可是，当我们吃大量的抗氧化剂，这些外来的援兵把自由基给中和掉，使得防卫系统无须升级，也就是说从此沦为永远需要外力保护的软脚虾。这个理论可以合理地解释"抗氧化剂矛盾"。不过，还需要实验来证实。至于维生素补充剂的滥用与危害，已经不仅仅是理论或假设了，而是一个无可争议的事实。

🖊 林教授的科学养生笔记

2007 年和 2012 年的大型报告都显示，服用抗氧化剂补充剂不但对健康无益，还可能有害。

抗氧化剂与自由基是好是坏的研究，目前尚未完全盖棺论定，但维生素补充剂对人体有害，却是无可争议的事实。

益生菌的吹捧与现实

#过敏、乳酸菌、肠道

2018 年 4 月，读者 Sam Chen 写信给我，他说："长期阅读林教授的文章，受益良多，非常感谢您好心的分享。不知道教授对于益生菌抗过敏或其他疗效有何看法。我知道题目有点大，只想听听教授的见解，再次感谢。"

◇◇益生菌无须额外补充

益生菌的英文是 probiotics，不管是中文还是英文，顾名思义，就是对人有益的细菌。也因为如此，大多数人对益生菌存有好感。但事实上，在某些情况下，益生菌可能是有害的。例如，免疫力低的人可能会引发严重感染。还有，益生菌产品的良莠不齐，也令人担忧。不管如何，大多数人之所以会吃益生菌，是认为益生菌可以缓解一些消化上的毛病，例如，便秘或腹泻。

我并不主张要用补充剂的方式来获得益生菌，而是应该想办法利用天然食物，在身体里培养好菌、调整肠道"菌相"。如果你能掌握正确的饮食配搭原则，就等于掌握住了所谓的"益菌元（prebiotics）"。益菌元指的是能够促进益生菌生长的食物，也就是蔬菜和水果。所以尽管益生菌很重要，但并不需要做额外补充。根据一篇 2017 年发表的论文[1]，以下这些富含膳食纤维的蔬菜水果都算是很好的益菌元，例如，西红柿、香蕉、芦笋、浆果、大蒜、洋葱、菊苣、绿色蔬菜、豆类、燕麦、亚麻籽、大麦和小麦。原因是膳食纤维不会在小肠里被消化，所以会进入大肠，成为益生菌的食物。顺带一提，很多人以为吃芹菜时感觉到的粗硬咬感或老硬菜梗，就是膳食纤维，但其实那是维管束，也就是植物体内输送水分及养分的管道。真正对健康有益的"膳食纤维"，是许多形状不一，构成植物细胞壁的多糖类分子，肉眼看不到，也无法在咀嚼时感觉到。事实上，富含膳食纤维的食物，很少是硬的或有纤维感的。根据美国农业部的资料，膳食纤维排行榜前几名的食物，几乎都是豆类。把这些豆子打成泥，你甚至不用咬，就可以吃到很多的膳食纤维。

假如你真的考虑额外补充一点益生菌，那么我的建议是，千万不要只用一个品牌、单一或少数菌种，否则长期下来，你的肠道菌反而又会偏向某些菌株，对肠道也不是健康的。

◇益生菌抗过敏有风险

至于读者想知道的"抗过敏"，则在益生菌的应用上属于比较特殊的范畴。尤其是针对儿童的抗过敏效用，因为有一个医学理论认为：①人类在成长过程中，需要接触各种细菌，才能让免疫系统健全；②免疫系统不健全，就会出现过敏；③现代人的环境太干净，以至于小孩子接触细菌的机会不足，无法健全免疫系统；④把益生菌"植入"高风险的小孩，就可预防过敏。（所谓高风险，指的是小孩的父母或兄姐有过敏体质）

这一理论在一篇发表于 2001 年的临床报告[2]得到很重要的初步证实。在这项研究里，有过敏家族史的孕妇在生产前服用 LGG 乳酸菌 2 ~ 4 周。然后，在婴儿出生后，哺喂母乳者由母亲继续吃，而喂食配方奶者则由婴儿自己吃，如此持续至婴儿 6 个月大为止。结果显示，服用乳酸菌的婴儿在 2 岁前罹患异位性皮肤炎的概率降低 50%。

就因为这样，这篇报告可以说是启动了近 20 年来整个"益生菌抗过敏"的商机和研究。不过，有一条在 2007 年发布的负面消息[3]，到现在还是鲜为人知。这条消息是，上述的研究继续追踪受测试儿童至 7 岁，而其结果显示，异位性皮肤炎的发生率的确是降低了 1/3，但是气喘的概率却增加 3 倍，而过敏性鼻炎的概率也增加 2 倍[2]。

由于这项追踪研究并非是正式发表，而是以"书信"（Letter to the Editor）发布，所以非但学术界不予重视，"益生菌抗过敏"市场也毫不受影响。无论如何，近 20 年来有关"益生菌抗过敏"的研究，很少有正面的结果。也正因为如此，这方面的专家们几乎都是说，目前不建议用益生菌来预防过敏。关于更多益生菌与过敏的研究，有兴趣的读者可以参考书后的两篇最新综述论文[4]。

◇◇微生物群系不等于益生菌

在发表了益生菌和过敏的文章之后，我又收到读者寄给我以下这段文字：日本 NHK 最新医疗新知纪录片《人体》的第四集《肠，击退万病，免疫机能的源头》[5]节目主持人之一的山中伸弥教授（iPS 细胞研究获得诺贝尔奖得主）所说，人体肠道关于免疫学、细菌学、神经学以及各种罕见疾病的相关研究，无论病理、药理与医学如今都可称得是最热门的研究领域，国际上每星期都有非常专业的研究结果宣布，让人目不暇接。

我一面窃笑，一面回复这位读者：研究有得到任何实际用途的结果吗？不久后，我又收到另一位读者的反馈：运用肠道健康，提升免疫力，抗超级菌，减少发炎反应，Etc，Pro/Prebiotics 仍然有很大的发展空间。

很显然，这两位读者都误以为，他们口中的那个"厉害东西"，就是益生菌。事实上那个厉害东西叫作 Microbiome。Microbiome 是 Microbe 后面加个 ome 而形成的字。Microbe 很简单，就是微生物。但是 ome 就比较难翻译。它是"整体、整组或整套"的意思。凡是生化名词有个 ome 的尾巴，就表示它是研究整体某某东西的学问。而所谓整体某某东西，指的是一个生命体（通常指的是人）所包含的某某东西的全部。

例如 Genome 就是"基因的整体"，而 Microbiome 就是"微生物的整体"，可以翻译为"微生物群系"。更详细地说，微生物群系指的是，所有长在我们身上的微生物，包括在消化道里的（口腔、胃肠）、鼻腔里的、阴道里的以及皮肤上的。而也就因为如此，微生物群系所涵盖的，当然不会只是有益的微生物，所以当然也就不会只是益生菌。但很不幸的是，由于微生物群系现在很热门，所以有心人士就搭着这辆快速便车，铺天盖地地推销起了益生菌。

更不幸的是，尽管是热门研究议题，但微生物群系研究还没有创造出任何一个有疗效的产品，但媒体却已经铺天盖地地吹嘘，误导大众相信微生物群系是即将降世的救主。（例如，那个《肠，击退万病，免疫机能的源头》影片就是典型的超级夸大）

事实上，有几位这方面的专家呼吁大家不要对微生物群系研究有过分的期待。例如，2017 年 12 月发表的论文《人类微生物群系：机会还是炒作？》[6]，就用这么一句话做结尾：就如其他已经深刻改变人类健康的领域一样，这个旅程不太可能会是个冲刺，而是个马拉松。不管是短跑还是马拉松，我可以跟读者保证，微生物群系绝不会成为你我的救世主，而益生菌也绝不会让你我万病俱除。

◇◇最新研究：益生菌可能有害

2018 年 9 月 6 号，有两篇最新发表的研究论文对益生菌之使用提出警告。它们出自同一研究团队，也同时发表在世界顶尖的生医期刊《细胞》（Cell）。

第一篇论文的标题是《个人化肠道黏膜定植对经验益生菌的抗性与独特的宿主和微生物群特征相关联》[7]。这个研究是要探讨：①吃进去的益生菌是否植入肠；②什么因素决定益生菌是否植入肠道。

过去曾有许多研究探讨过，吃进去的益生菌最终是否会成为肠道细菌。但是，它们所使用的方法是间接性的粪便分析。也就是说，如果发现粪便里有某种益生菌，就认为该益生菌已植入肠道。但是，这样的解读是有问题的。毕竟，粪便里的细菌是被排出来的，它不见得已经植入肠道。

所以，这个新的研究便采取一个比较困难但比较可靠的实验方法，那就是，用内视镜进入肠道采取细菌样本。在该研究中，19 名志愿者先是服用了由 11 种最常见的菌株所组成的益生菌。然后，他们接受肠道细菌采样。结果，只有 3 名志愿者有着明显的益生菌植入肠道，另外有 5 名志愿者有着微量的植入，而剩下的 11 名志愿者则完全没有益生菌植入肠道。

进一步的分析发现，有两个因素决定益生菌是否会植入肠道：①个人的免疫系统；②个人肠道里原已存在的微生物生态。有些人的免疫反应过度活跃，他们的肠道就无法接受外来的细菌，而有些人的肠道里早已存在着会排斥外来细菌的微生物生态。这两类人占了约 84%。也就是说，80% 以上的人，纵然吃了益生菌，也几乎是等于没吃。当然，由于这个研究的样品量太小（19 人），确切的人数比例还有待进一步研究。但是，"80% 以上"毕竟是个相当大的数字，所以已经值得警惕。

第二篇论文的标题是《使用抗生素后肠黏膜微生物重建受到益生菌破坏但

受到自体粪便微生物移植改善》[8]。补充一下：FMT 是"粪便微生物移植"（Fecal Microbiome Transplantation），Autologous FMT 是"自体粪便微生物移植"，即服用分离自本人粪便的微生物。

大多数读者应该知道服用抗生素会扰乱肠道的微生物生态，所以有些专家就建议，患者在服用抗生素后，需要服用益生菌来重建肠道微生物生态。但这样的建议是出自推理，而非根据实验数据。所以，这项新的研究就是要探讨，服用益生菌是否真的能帮助重建肠道微生物生态。结果是，不论是用老鼠或人做实验，服用益生菌反而会延缓肠道微生物生态的重建。相对地，服用"自体粪便微生物"则可以快速重建肠道微生物生态。益生菌虽然会暂时植入肠道，但却无法建立永久据点。也就是说，尽管益生菌会乘虚而入，但最终还是不能落地生根。

这样的结果是与第一篇研究论文的结论不谋而合。也就是说，每个人有他独特的肠道微生物生态，而这个生态是很难被取代的。我们可以把肠道微生物想象成一个部落。当它被外族（益生菌）入侵时，就会抵抗，而在被敌人（抗生素）屠杀后，也会重生。但是，重生必须靠自己。外族（益生菌）非但不能帮忙，反而会干扰。就部落的宿主（人）而言，在正常情况下，吃了益生菌，几乎是等于没吃，而在生病的情况下（服用抗生素），吃了益生菌，可能反而有害。

🖊 林教授的科学养生笔记

能够促进益生菌生长的食物，也就是蔬菜和水果。所以尽管益生菌很重要，但并不需要做额外补充。

近 20 年来有关"益生菌抗过敏"的研究，很少有正面的结果。也因为如此，这方面的专家们几乎都是说，目前不建议用益生菌来预防过敏。

在正常情况下，吃了益生菌，几乎是等于没吃；而在生病的情况下（服用抗生素），吃了益生菌可能有害。

戳破胜肽的神话

◇◇内容农场的获利模式

读者传来一篇《肽——诺贝尔奖传奇》的文章，它是2017年7月发表于"每日头条"，作者是"创业达人"。我先解释"每日头条"是啥东西。"每日头条"是台湾地区的一家内容农场。内容农场的作为和获利模式，在知名的信息网站"苹果仁"上的这两篇文章，已经解释得很详细了，节录如下[1]：

> 根据维基百科的定义，内容农场是：以取得网络流量为主要目标，图谋网络广告等商业利益的网站或网络公司。内容农场用各种合法、非法的手段大量、快速地生产质量不稳定的网络文章，会针对热门搜寻关键词用人工或机器制造大量网站内容的手法欺骗搜索引擎，使他们制造的网页能够优先出现在搜寻结果的前段而提高点阅率以及满足客户搜索引擎优化需求。
>
> 具体来说，农场是一个由平台、撰文者及导流者组成的生态系，由撰文者写（或抄）文，并由导流者负责将内容散播出去，借此获得

点击以赚取收益；由于点击数是他们最重要的 KPI（关键绩效指标，Key Performance Indicators），因此网赚型农场经常以耸动的标题及不实的内容欺骗网友点击，这也是让一般人痛恨农场文的原因，因为读者点进文章之后，经常有种受骗上当的感觉。

除了"每日头条"之外，台湾地区还有另一家大咖内容农场，那就是"壹读"。由于它们大量生产的"内容"总是优先出现在搜寻结果里，又经常通过脸书或 LINE 到处散播，所以我几乎天天都会误入这两家"农场"，见识过各式各样的精灵鬼怪、蛇蝎虫蚁。还好，经过 40 多年科学研究的劳心劳力，我早已练就一身金钟罩铁布衫，最后总是得以全身而退（不过为了要解答还是被骗了点击数，让他们赚到钱）。

◇◇口服胜肽没有功效

好，我们现在来看《肽——诺贝尔奖传奇》这篇文章。肽，也叫作胜肽（peptide），是由氨基酸所组成的链条（小分子的蛋白质）。网络上可以看到一大堆胜肽的保健品。但就像蛋白质一样，胜肽一旦进入小肠，就会被分解成氨基酸，而失去功效。

所有医疗用的胜肽，例如，胰岛素只能经由非肠道路线进入人体，皮下或静脉注射才能使其发挥功效。这篇文章提到的，所谓的诺贝尔奖得主（有真有假）有做过胜肽的研究。但是，他们绝对没有做过口服胜肽的研究。

事实上，医药界在经过了 100 多年的努力之后，还是无法制作出一个可以被肠道吸收的胜肽药品。目前市面上的胜肽制剂都是属于补充剂，所谓补充剂，就是无须经过 FDA 的功效证明，只要吃了死不了就好了。

◇正确理解 FDA 认证

前面提到了 FDA 认证，曾有一位读者提姆询问我关于 FDA 的事情，他的信是这么写的：台湾地区的直销业一直都很兴盛，无奈这些经营者大多游走在法律边缘，没有受到食品与药物相关规范。之前因为家人缘故，我还特地去了解了几家经营者在世界各地推广的情形，后来我发现美国 FDA 似乎也未积极介入检验这些营养品和控管直销业。以至于台湾地区许多从业者借此漏洞，用话术迷惑一般民众，声称这些产品皆受到 FDA 的核准。但其实无论有无受到 FDA 的检验，许多营养品号称拥有的效用与功能，都经不起最基本的科学验证。由衷地希望教授能继续为大家解惑，也要再度感谢教授拨冗为大家辟谣！

FDA 是美国食品药品监督管理局（Food and Drug Administration）的简称，是美国卫生及公共服务部直辖的联邦政府机构，凡是美国境内生产及进口的各种食品、补充剂、药物、疫苗、医疗设备、放射性设备和化妆品等，都是归属于 FDA 管理的范围。（台湾地区相对应的机构则是"卫生福利部食品药物管理署"，简称食药署，缩写也是 FDA。）

提姆问，美国 FDA 似乎也未积极介入检验这些营养品和控管直销业。没错，美国 FDA 一向不会积极介入，因为这不是它的权责。

美国 FDA 曾公布一篇文章，标题是：《它真的是 FDA 批准的？》[2]。在这篇文章的一开始，FDA 就说并非所有与民众健康有关的产品都需要"先核准，后上市"。在很多情况下，FDA 的控管是发生在上市后。例如，营养品和补充剂，都无须售前核准。只要这些产品没有对大众造成健康危害，FDA 就不会过问。但先决条件是，这些产品不得声称有"治疗"功效。

"治疗"属于药品的范畴，而药品一定要先核准才能上市，这也是为什么会有提姆所说的"从业者大多游走法律边缘"。这些从业者很聪明，不会在产品包装上标明有治疗功效，但会在各种媒体上（脸书以及各式"健康"网站），铺天盖地地声称产品有治疗功效（如苦瓜胜肽）。由于这些声称是用匿名或假名发布的，所以 FDA（美国的或台湾地区的）也就无从追究。在台湾，我还看到电视广告里用"搞定"这个词来暗示（蒙混）疗效，真是当之有愧的台湾之光。

还有甚者，例如"扁康丸"（Pyunkang-Hwan）还吃 FDA 的豆腐。在扁康丸的中文官方网站里有一张图片，上面的文字是"获得 FDA 认可"。可是，它却没有说到底是认可做什么。绝大多数读者都应该以为是获得 FDA 认可疗效吧，但到扁康丸的英文官方网站才会看到，是认可为"无毒食品"[3]。也就是说，吃了死不了，至于有无疗效，只能听天由命吧。

所以提姆先生，很抱歉，不管我写再多文章为读者解惑辟谣，我可以保证，直销保健食品业还是会继续大赚其钱。在浩瀚的网络世界里，我这个网站只是沧海一粟。而要与保健品的营销伎俩对抗，一个人所能做的实在是杯水车薪。或许唯一有效的方法是，看了我的网站和书的朋友，可以一起尽力把正确的观念传递给身边的朋友。

✎ 林教授的科学养生笔记

在网络上阅读文章，记得先辨明是否出自靠点阅率（而非可信度）赚钱的"内容农场"。

胜肽，是由氨基酸所组成的小型蛋白质，号称"胜肽"的保健品，就像蛋白质一样，一旦进入小肠，就会被分解成氨基酸，而失去功效；医疗用的胜肽只能经由非肠道路线进入人体，如皮下或静脉注射，才能发挥功效。

营养品和补充剂，都无须 FDA 售前核准。只要产品没有对大众造成健康危害，FDA 就不会过问。但先决条件是，这些产品不得声称有"治疗"功效。

鱼油补充剂的最新研究

＃心脏病、中风、Omega-3、汞中毒

2018 年 5 月 8 号的美国医学会期刊（JAMA）刊载一篇有关鱼油补充剂的报道，标题是《鱼油补充剂的棺材再添一根钉》（Another Nail in the Coffin for Fish Oil Supplements）[1]。这篇文章主要在说，又有一个大型临床分析发现鱼油补充剂并不像大家常听到的那样，能降低心血管疾病风险。这个大型临床分析报告发表于 2018 年 3 月的《JAMA 心脏学》（JAMA Cardiology），标题是《Omega-3 脂肪酸补充剂与心血管疾病风险的关联：涵盖 77917 人的十项试验的荟萃分析》[2]。

从标题就可看出，分析报告所检视的是 Omega-3 补充剂，而非鱼油补充剂。但因为 Omega-3 补充剂通常就是鱼油补充剂，所以，我们就顺着 JAMA 那篇文章，用"鱼油补充剂"这个名称来讨论吧。

◇◇ "鱼油补充剂"对健康有害

这份分析报告检视了涵盖 77917 人的十个临床试验的资料。其结论是，这一荟萃分析表明，Omega-3 脂肪酸与致命或非致命性冠心病或任何主要血管事件无显著相关性。它不支持目前有关在冠心病史的人群中使用此类补充剂的建议。

事实上，类似的结论已经出现过数次，包括：2012 年的论文《Omega-3 脂肪酸补充与主要心血管疾病事件风险之间的关联》[3]、2012 年的论文《Omega-3 脂肪酸补充剂（二十碳五烯酸和二十二碳六烯酸）在心血管疾病二级预防中的功效：随机、双盲、安慰剂对照试验的荟萃分析》[4]、2016 年的《Omega-3 脂肪酸和心血管疾病：更新的系统性评价》[5]。

所以，这就是为什么 JAMA 那篇文章的标题会是《鱼油补充剂的棺材再添一根钉》。为什么是再添一根钉，而不是最后一根钉呢？因为，目前还有 4 个鱼油补充剂的临床试验正在进行。也就是说，至少还要再钉进 4 根钉子，才能盖棺论定。

但是，不管是再添一根钉还是最后一根钉，其实都不重要。真正重要的是，医学界早就确认，来自食物的 Omega-3 对健康是有益的。也就是说，就对健康的好处而言，来自餐盘的 Omega-3 充满活力，而来自药罐的 Omega-3 则濒临死亡。所以，如果您平常就有吃富含 Omega-3 鱼的习惯，就不用在乎鱼油补充剂是否即将寿终正寝。

◇◇安全又富含 Omega-3 的食用鱼选择

那么，该如何在日常饮食中选择富含 Omega-3 的鱼类呢？首先，很多人关心鱼类所含的重金属问题，这个所谓的重金属就是汞。美国 FDA 曾提供了一个非常详尽的海鲜类含汞量的表格[6]。不过这个表格太过复杂。所以，我再提供一个很容易理解的图表。下页这个图表将含汞量分成 4 个等级，最低的那一级共包括了 30 种海鲜。所以，要降低吃到汞的风险，并不困难。那，这 30 种海鲜里有含高量 Omega-3 的吗？有的，如鲑鱼、鲭鱼、沙丁鱼及鲱鱼。有关 Omega-3 含量的详细海鲜种类，请参考书后附录中"常见海鲜的 Omega-3 含量"[7]。其中所提到的鲑鱼、鲭鱼、沙丁鱼及鲱鱼，都很容易买得到，价格也合理。所以，想要摄取足够的 Omega-3，又不用担心汞污染，其实并不困难。

海鲜类含汞分级表

常见鱼类含汞量分级
含汞量最低：
鳀鱼（Anchovies） 鲳鱼（Butterfish） 蛤（Clam） 蟹（Crab）小龙虾（Crawfish/Crayfish） 比目鱼（flounder） 黑线鳕（haddock）鳕鱼（Hake） 鲱鱼（Herring） 科利鲭（Mackerel, N Atlantic, Chub）鲻鱼（Mullet） 牡蛎（Oyster） 海水鲈鱼（Perch, Ocean） 鲽鱼（Plaice） 鳕鱼（Pollock） 罐装鲑鱼（Salmon, Canned） 新鲜鲑鱼（Salmon, Fresh） 沙丁鱼（Sardine）扇贝（Scallop） 美洲西鲱（Shad, American） 虾（Shrimp）龙脷鱼（Sole, Pacific） 乌贼（Squid） 淡水鳟鱼（Trout, Fresh）白鲑鱼（Whitefish） 沙鲅（Whiting）
含汞量中等：建议每月避免食用超过六次
黑线鲈鱼（Bass, Striped, Black） 鲤鱼（Carp） 阿拉斯加鳕鱼（Cod Alaskan） 太平洋白姑鱼（Croaker, White Pacific） 太平洋大比目鱼（Halibut, Pacific） 银汉鱼（Jacksmelt, Silverside） 龙虾（Lobster） 鬼头刀（Mahi-Mahi） 鮟鱇鱼（Monkfish） 淡水鲈鱼（Perch, Fresh） 银鳕鱼（sablefish） 鳐鱼（Skate） 红鲷鱼（Snapper） 罐装鲔鱼（Tuna, Canned chunk light） 正鲣鲔鱼（Skipjack） 石首鱼／海鳟鱼（Weakfish, Sea Trout）

高含汞量：建议每月避免食用超过三次
鲭鱼（Bluefish）　石斑鱼（Grouper）　马鲛鱼（Mackerel, Spanish, Gulf） 智利鲈鱼（Sea Bass, Chilean）　罐装长鳍鲔鱼（Tuna, Canned Albacore） 黄鳍鲔鱼（Tuna, Yellowfin）
最高含汞量：建议避免食用
大耳马鲛鱼（Mackerel, King）　旗鱼（Marlin）　橙棘鲷（Orange Roughy） 鲨鱼（Shark）　剑旗鱼（Swordfish）　马头鱼 / 甘鲷（Tilefish） 大目鲔鱼（Tuna, Bigeye, Ahi）

林教授的科学养生笔记

　　医学界已经确认来自餐盘的 Omega-3 对于健康有正面的好处，而来自药罐的 Omega-3 则是不建议使用。

　　鲑鱼、鲭鱼、沙丁鱼及鲱鱼等，都是含汞量低又含高量 Omega-3 的优质海鲜食材。

胶原蛋白之疑惑

#蛋白质、养颜美容、氨基酸、植物胶质、关节炎

电视里的新闻、饮食及保健节目，隔三岔五就会有"这道菜有丰富的胶原蛋白，可以护肤养颜，让你青春永驻"一类的讲评。网络上，胶原蛋白保健品的广告更是多到几个月都看不完。很显然，绝大多数的人相信吃胶原蛋白有益肌肤。人们对这一个事实的认知，实在让我感到非常沮丧。我们的生物教育怎么会如此失败。失败到多数民众居然连"蛋白质会被消化分解"的基本生物常识都没有。

◇吃的和抹的胶原蛋白无法养颜美容

不过，沮丧归沮丧，该做的还是要做，能开导几个算几个。除了几个非常特殊，可能还具有争议性的案例之外（譬如菠萝酵素），所有的蛋白质一旦进入我们的胃肠，就会被分解成氨基酸。

这些氨基酸在肠道中被吸收后，由血液运送到全身各个细胞，然后根据每一个细胞个别的需要，被重新组合成新的蛋白质（譬如血红素）。这些新合成的蛋白质，跟你原先吃的蛋白质（譬如胶原蛋白）毫无关系。也就是说，你吃的胶原蛋白，不管是来自猪皮还是补充剂，它们最后都不会变成胶原蛋白。

还有，来自不同种（譬如猪）的蛋白质具有抗原性，会引起过敏反应。尤其是这些蛋白质如果进入血液，更可能会引发休克和死亡。所以，我们的肠道把外来的蛋白质消化分解，除了能提供氨基酸外，也可保障它们不会引发过敏反应。但不管如何，吃再多的胶原蛋白也不会让你的皮肤更漂亮。

那抹在皮肤上的胶原蛋白护肤品有效吗？胶原蛋白是大分子的蛋白质，所以，它无法渗透皮肤，变成使用者皮肤的一部分。它也许有覆盖作用，能减缓水分蒸发，保持皮肤湿润。

总之，蛋白质、多糖、脂肪、DNA 都是大分子，它们进入胃肠后都会被分解成小分子（氨基酸、葡萄糖、脂肪酸、核苷酸）。所以，不管这些大分子原先有什么神奇功能，一旦被吃进肚子消化后，就不再有任何作用。读者只要认清这一点，就不用花冤枉钱买一大堆毫无用处的东西。

◇◇胶原蛋白可能是最差的蛋白质

有读者问我一篇元气网的文章，标题是《木耳没有胶原蛋白，别再傻傻分不清》[1]，他想问的是真的有所谓的植物性胶原蛋白吗？这篇文章虽有一些瑕疵，但整体而言是正确的，胶原蛋白的确只存在动物组织中。网络上我们可以看到几篇有关"植物胶原蛋白"（Plant collagen）的文章，但它们大多会说，植物并不真的含有胶原蛋白，所谓的植物胶原蛋白其实是某些植物（如木耳）所含有的"胶质"。

但很不幸的是，这些文章大多认为摄取胶原蛋白能美白肌肤，返老还童等。更不可思议的是，有好几位教授和营养师还参与传递这类错误信息。有关胶原蛋白的疑惑，我再次重点强调如下：

1. 任何蛋白质，包括胶原蛋白，一旦进入肠道，就会被分解成氨基酸，而这些氨基酸会被重新组合成各式各样的蛋白质。这些蛋白质与原来被吃进肚子里的蛋白质（胶原蛋白），毫不相干。

2. 胶原蛋白的量不可能会高到足以有任何生理作用。所以，在电视节目里大谈吃胶原蛋白能护肤美白的人，是会被内行人笑掉大牙的。

3. 由于胶原蛋白缺乏了人体所必需的氨基酸"色氨酸"（Tryptophan），所以被定位为"不完全蛋白质"。更糟糕的是，胶原蛋白所含的氨基酸，90%是属于"非必需氨基酸"，是一种"低营养价值蛋白质"。从营养价值的角度来看，胶原蛋白可能是所有蛋白质中的最后一名。

刚刚提到的"植物胶质"跟胶原蛋白大不相同，因为它根本连蛋白质都不是。它实际上是碳水化合物（糖类）。但尽管没有真正的"植物胶原蛋白"，却有两种蛋白质可以勉强算是。第一种是用小麦蛋白质加工制成的"仿制品"，不过，它的氨基酸成分和结构与真正的胶原蛋白，还有很大的距离[2]。第二种是将人的胶原蛋白基因转入植物（烟草）中，从而可以大量生产几可乱真的胶原蛋白[3]。

但这两种所谓的"植物胶原蛋白"，如果被吃进肚子，还是会被分解成氨基酸的，一样不会有任何医美功效。所以，你永远不可能因为吃了胶原蛋白（不管是动物的还是植物的）而变得 Q 弹美白，青春永驻。

◇二型胶原蛋白治疗关节炎也是疑惑

讲完了胶原蛋白和美容的疑惑，接下来说说同样深入人心的胶原蛋白和关节炎的关联。今年和一位十多年前一起在旧金山湾区打拼合唱音乐的好友共进晚餐聊天时，她说自己现在膝盖会有声音，爬楼梯也会痛，台湾的医生叫她要吃二型胶原蛋白。在我问了她几个问题之后，我给她的建议是赶快换医生。

"二型"，这听起来是不是很有学问，所以"二型胶原蛋白"肯定是仙丹神药吧？果不其然，至少有两位台湾的药师发表文章，把它说得天花乱坠，煞有介事，还说是有美国 FDA 认证可以证明疗效。（请注意，如真有疗效，就不会只是被归类为保健品）

问题是，他们写文章的动机，是关心您嘎嘎作声的膝盖，还是为了自己的腰包。想知道答案，您可以从以下这则新闻略窥一二。2018 年 3 月 7 日《苹果日报》的新闻里有这么一句话："甘味人生键力胶原"因广告提及保护膝盖，涉夸大不实的虚假宣传，去年挨罚 47 次、罚款金额共 29 万元。"[4]

我已经在本文的前面解答了关于胶原蛋白与各种 Q 弹美白和延年益寿等关系的问题。但您大概不知道，它是被归类为一型胶原蛋白，也是人体最主要（90%），而且到处都有（尤其是皮下）的胶原蛋白。

二型胶原蛋白则少得多，而且只存在于软骨。它是软骨里主要的蛋白质（50%），也是最主要的胶原蛋白（90%）。而就因为这个与软骨密不可分的特性，使得二型胶原蛋白成为被觊觎的对象（使其成为治疗关节炎的神药）。

我在自己的网站已经发表了十几篇有关胶原蛋白的文章，一再强调口服的胶原蛋白会在胃肠里被分解成氨基酸，不可能变成你皮下的胶原蛋白。想研发二型胶原蛋白来治疗关节炎药的人，也知道口服的二型胶原蛋白是绝无可能变成膝盖的胶原蛋白。所以他们就提出一个破天荒的假设，说口服的二型胶原蛋白（分离自鸡胸软骨），就好像口服"逆向疫苗"一样，可以引发免疫系统对二型胶原蛋白的"耐性"。如此，你膝盖的二型胶原蛋白就不会被破坏。

我从事医学研究 40 多年，担任 60 多家医学期刊的评审，见识过千奇百怪的假设。但是，当我看到这个"逆向疫苗"的假设时，还是不禁双膝落地，直呼神人。当然，作为一个关节炎病患，您是不会在乎医学理论的真真假假。您唯一想知道的是有效无效。目前相关的研究报告共有 12 篇，有治疗人的，也有治疗马跟狗的。其中的临床试验都是说有效。但是，请先别高兴，它们可都是出自同一研发团队，或是由同一生产商资助。所以，您还是自己衡量衡量吧。

网络上的相关文章，不管是中文还是英文的，全是一面倒地说有效。唯一的例外是 WebMD（最大的医疗信息网站）。它说二型胶原蛋白的疗效是未被证实的[5]。

我问这位台湾朋友，医生是不是卖她二型胶原蛋白，她说不是，我再问是在哪买的，她说是医院隔壁的药房。啊，隔壁的药房，还真方便。最后我问她有效吗？她说，有效的话，干吗还抱怨叫苦。

补充说明：二型胶原蛋白的产品叫作 UC–II。U 是 Undenatured，在台湾地区和日本被翻成"非变性"，C 是 Collagen，II 是 type II（二型）。由于 UC–II 是源自鸡胸软骨，为了打入素食市场，竟然也有素食版本。但是，除了在罐子上写着素食之外，到底有什么办法可以把鸡胸软骨变成素食？

林教授的科学养生笔记

吃的胶原蛋白，不管是来自猪皮还是补充剂，最后都不会变成、也不会增加皮肤上的胶原蛋白。

抹在皮肤上的胶原蛋白护肤品是大分子的蛋白质，所以无法渗透皮肤，变成使用者皮肤的一部分。但它也许有覆盖作用，能减缓皮肤水分蒸发，保持皮肤湿润。

胶原蛋白缺乏人体必需的氨基酸"色氨酸"，且胶原蛋白所含的氨基酸，90% 属于"非必需氨基酸"。从营养价值的角度来看，胶原蛋白可能是所有蛋白质中的最后一名。

所谓的植物性胶原蛋白其实是"植物胶质"，是碳水化合物（糖类），而非胶原蛋白。

口服的胶原蛋白会在胃肠里被分解成氨基酸，不可能变成你皮下的胶原蛋白，所以，口服的二型胶原蛋白绝没可能变成膝盖的胶原蛋白。

维骨力，有效吗？

#葡萄糖胺、关节炎、膝盖、健保

2018 年 5 月，一位多年好友请我共进晚餐，宾客中有一位是骨科医师。闲聊中有人问医师，维骨力到底有效没效，而他的答案是"看你问什么人"。更让我诧异的是，他还说，台湾健保给付维骨力。

其实，十几年前就有好几位亲友问我维骨力到底有效没效，而我通常是说它"的确有"安慰剂的效用。至于我为什么没有发表文章，那是因为，在我的网站成立后，还没有读者问我。既然现在有人正式问了，我就写了这篇文章。

维骨力的主要成分是"硫酸盐葡萄糖胺"（glucosamine sulfate，以下简称 GS），而它的最主要用途是缓解关节炎疼痛。在 2006 年，世界排名第一的医学期刊《新英格兰医学期刊》（New England Journal of Medicine）刊载了一篇相关的临床报告，标题是《葡萄糖胺、软骨素硫酸盐，以及两种合并用于膝关节疼痛》[1]。

这篇报告的结论是：GS 对于膝关节疼痛之缓解，没有好过安慰剂。可是，很显然，这篇报告并没有影响到 GS 的畅销。很多医生还是鼓励病患服用维骨力，而台湾地区的"健保局"还很不寻常地给这么一个被定位为"保健品"

的药买单。

相关的临床试验还在继续进行，而正反两方还是你来我往，争得面红耳赤。所以，就如晚餐时那位骨科医师所说，"看你问什么人"。不过，就最新的医学论文而言，反方是远远赢过正方。这是因为，在2017年发表的两篇大型分析报告都认为GS无效，一篇是《葡萄糖胺对关节炎有效吗？》[2]结论：目前还不清楚葡萄糖胺是否具有能减少疼痛或改善骨关节炎的功能，因为证据的确定性非常低。另外一篇是《亚组分析口服葡萄糖胺用于膝关节炎和髋关节炎的有效性：来自OA试验库的系统评价和个体患者数据荟萃分析》[3]。结论：目前没有好的证据支持葡萄糖胺用于髋关节炎或膝关节炎。

所以，如果硬是要我给一个明确的答案，我还是会说，维骨力没有好过安慰剂。补充说明：台湾"健保局"从2018年起已经停止给付维骨力。

◇维骨力文章后续，厂商抗议事件

我发表前面这篇文章一个礼拜后（2018年6月7日），元气网发来电子邮件，内容这么说：林教授您好，日前在元气网刊登您谈维骨力的文章《维骨力，有效吗？》，事后维骨力厂商来函，指出有些许解读错误，像是将硫酸盐葡萄糖胺及盐酸盐葡萄糖胺混为一谈，并将取消健保给付此事与没有疗效画上等号。对此维骨力厂商还有刊登声明稿[4]。依上级长官指示，元气网先将您的文章下架，想说跟您告知一声。不晓得林教授有没有想要针对声明稿写一篇新的文章平反呢？

好，先来谈我有没有"将取消健保给付此事与没有疗效画上等号"。在我的文章里，"健保"这个词共出现三次：第一次，一位骨科医师说，台湾健保给付维骨力；第二次，台湾"健保局"还很不寻常地给这么一个被定位为保健品的药买单；第三次，台湾"健保局"从 2018 年起已经停止给付维骨力。

请问，我有"将取消健保给付此事与没有疗效画上等号"吗？虽然我没有，但是，一大堆台湾媒体有。请看一篇 2018 年 1 月 8 号《自由时报》报道里的这一段[5]：

迄今仍有 928 项药品违法给付

"健保署"指出，去年"健保会"委员提案全面取消给付指示药，经医师公会评估，缓解退化性关节炎疼痛、含葡萄糖胺成分药品疗效不明确，"健保署"近日决议先取消给付 31 项相关药品。

那，为什么《自由时报》的上级长官没有指示将这篇文章下架呢？再有，我们来看我有没有"将硫酸盐葡萄糖胺及盐酸盐葡萄糖胺混为一谈"。为了容易阅读，我会在下面的讨论里将硫酸盐葡萄糖胺简称为 GS，而盐酸盐葡萄糖胺则为 GH。还有，请记得，GS 就是维骨力的主要成分。

我在《维骨力，有效吗？》的最后提供两篇 2017 年的综合分析报告。而它们的结论是：目前没有好的证据支持葡萄糖胺用于髋关节炎或膝关节炎。我们现在来看看，它们所说的葡萄糖胺到底是 GS，还是 GH。第一篇报告的标题是《葡萄糖胺对关节炎有效吗？》，它共分析了 35 篇临床报告，而其中 29 篇所调查的是 GS，5 篇是 GH，1 篇不明。（请看注 2 里的原文）

第二篇报告的标题是《亚组分析口服葡萄糖胺用于膝关节炎和髋关节炎的有效性：来自 OA 试验库的系统评价和个体患者数据荟萃分析》。它共分析了 21 篇临床报告，而其中 14 篇所调查的是 GS，5 篇是 GH，1 篇不明，1 篇是另一种葡萄糖胺。（这篇报告需要花费订阅或购买。有兴趣看的读者，

请跟我联络）

　　所以，没错，我所引用的两篇报告的确是"将硫酸盐葡萄糖胺及盐酸盐葡萄糖胺混为一谈"。但是，在这个"混为一谈"里，近80%是硫酸盐葡萄糖胺（GS），而它也就是维骨力的主要成分。更重要的是，不管是硫酸盐葡萄糖胺（GS）或盐酸盐葡萄糖胺（GH），这两篇报告的结论是，目前都没有好的证据支持用于髋关节炎或膝关节炎。

　　如果这样还不够，那就再请看一篇2017年发表的临床报告，《硫酸盐软骨素及硫酸盐葡萄糖胺合用于减少膝关节炎患者之疼痛和功能障碍，显示没有好过安慰剂：六个月的多中心、随机、双盲、安慰剂对照临床试验》[6]。

　　最后，请看一篇美国风湿病学会在2012年发布的建议。它的标题是《美国风湿病学会2012年关于手、髋和膝关节炎中使用非药物和药理学治疗的建议》[7]。建议里特别提到：我们有条件地建议膝或髋关节炎（osteoarthritis，简称OA）患者不应使用葡萄糖胺。请看两个表格虚线部分（表格出自注7的论文）。综上所述：①台湾医师公会评估含葡萄糖胺成分药品疗效不明确；②大多数医学报告不支持使用葡萄糖胺；③美国风湿病学会建议不应使用葡萄糖胺。所以，您说，到底是谁的文章才该下架呢？

Table 4. Pharmacologic recommendations for the initial management of knee OA*

We conditionally recommend that patients with knee OA should use one of the following:
Acetaminophen
Oral NSAIDs
Topical NSAIDs
Tramadol
Intraarticular corticosteroid injections

We conditionally recommend that patients with knee OA should not use the following:
Chondroitin sulfate
Glucosamine
Topical capsaicin

We have no recommendations regarding the use of intraarticular hyaluronates, duloxetine, and opioid analgesics

* No strong recommendations were made for the initial pharmacologic management of knee osteoarthritis (OA). For patients who have an inadequate response to initial pharmacologic management, please see the Results for alternative strategies. NSAIDs = non-steroidal antiinflammatory drugs.

Table 6. Pharmacologic recommendations for the initial management of hip OA*

We conditionally recommend that patients with hip OA should use one of the following:
Acetaminophen
Oral NSAIDs
Tramadol
Intraarticular corticosteroid injections

We conditionally recommend that patients with hip OA should not use the following:
Chondroitin sulfate
Glucosamine

We have no recommendation regarding the use of the following:
Topical NSAIDs
Intraarticular hyaluronate injections
Duloxetine
Opioid analgesics

* No strong recommendations were made for the initial pharmacologic management of hip osteoarthritis (OA). For patients who have an inadequate response to initial pharmacologic management, please see the Results for alternative strategies. NSAIDs = non-steroidal antiinflammatory drugs.

美国风湿病学会 2012 年发布的建议

补充说明：在我发表了这篇澄清文章之后，读者 Leopoldsaid 响应：谢谢教授。厂商提的只有早早的一篇 2001 年的报告，后续如教授提及的这十几年来的相关报告，一再说明其疗效不彰，希望大众能早日知悉，以采取更有帮助的治疗方式。我的回答是：是的。当参考资料用的是老旧文献时，一定要持怀疑态度——为何不能给新的？答案通常是：有不可告人的秘密。也就因为如此，我在搜寻文献时，一定是从最新的开始。新的通常会讨论旧的是对还是错。如此，就能得到最完整的信息。

🖊 林教授的科学养生笔记

世界知名全科医学期刊《新英格兰医学期刊》2006 年刊载了临床报告，结论是：硫酸盐葡萄糖胺（GS）对于膝关节疼痛的缓解，没有好过安慰剂。

两篇最新的（2017 年）综合分析报告，结论都是：目前没有好的证据支持葡萄糖胺对于髋关节炎或膝关节炎有作用。

Part 3
重大疾病谣言释疑

人类是否可以打垮癌症、阿尔茨海默病是否可以逆转、
阿司匹林如何保养心脏、微波食物真会致癌？你该了解
的重大疾病谣言破解。

癌症治疗的风险

#化疗、放射治疗、民俗疗法、自然疗法

8 年前，家父被诊断出得了前列腺癌，医生建议做放射治疗。我和家姐很无奈地接受了，为的只是希望能有根除癌的机会。但放射治疗破坏了家父的泌尿器官，以至于需要在腰部穿管子，导尿到袋子里。如此的折磨使一个原本身体还算硬朗的人，变成了日夜都需要家人辛勤照料的人。而更让我难以接受的是，家父最后还是在从没有恢复健康的情况下走了。这几年来我总是自责，当初如果选择不治疗，家父应当能过得舒坦，走得自在。

后来好友寄来一封电子邮件，里面附了一个叫《治癌的风险》（danger of cancer cure）的影片。内容大致是说，西方医学被财团控制，创造出手术、化疗及放射治疗等花大钱却无疗效的治癌方法。

◇◇西方癌症疗法存在的理由

作为一个癌症患者家属，我想我有资格为这个影片做见证，但我反而在回信里举证几个治疗成功的案例。各行各业，不管是医疗或政治，财团的介入在所难免。但骗人的东西迟早会被揪出来的。一种医疗方法的商业化一定是因为有利可图，如果它在被使用了一段时间后被证明无效，自然会被淘汰。

西方医学里的手术、化疗及放射治疗等治癌方法不是仙丹神药。它们或许能治好一些患者，或许能为患者延长一点生命，又或许完全无效，搞不好还有严重的副作用。但是它们之所以还没被淘汰，是因为治疗某些癌症目前还没有更好的替代品。

还有，同样的治疗方法让不同的医生来做，可能会有完全相反的结果。譬如家父的治疗，有可能是因为医生处理不当，而非放射治疗本身的问题。至于我提到的"选择不治疗"，是因为这是给老年前列腺癌病患的一种选项，这是一个近年很受关注的议题。

在《治癌的风险》影片里那个很有说服力的讲者，有"暗示"他们的草药产品不但有效，而且还无副作用。但证据呢，是不是找几个幽灵见证人就算数？其实说穿了，它也不过是一个以"救世济人""揭穿真相"为掩饰的草药广告。

草药或偏方是不是有效，大多只是靠张嘴，但因为它们听起来不像手术、化疗及放射治疗那么可怕，所以会让面临生死抉择的人动心，想先尝试。但一试下去，可能就错过了治疗时机，连举世公认的天才乔布斯也难逃此不幸的命运。

◇◇人类无法打垮癌症

每当我踏进我家附近的健身俱乐部，就会看到一张筹款海报（下页），心底会立刻涌起一股既会心又嘲讽的矛盾。（注：SMAC 是俱乐部名称的缩写，与 SMACK 同音。而 SMACK OUT CANCER 是美国癌症协会筹款的宣传口号，意思是"打垮癌症"）。"会心"是因为我以前在申请癌症研究经费时，也都会堂而皇之地说要打垮癌症，"嘲讽"是因为我知道人类永远打不垮癌症。

为什么打不垮？人体大约有 37 兆个细胞，每个细胞的"基因体"由大约 30 亿对的核苷酸组成，而每天约有 2 兆个细胞的"基因体"要全部复制一次。以人的平均寿命为 70 岁计算，那一个人的一生就会有 70×365×2 兆 ×30 亿的机会，"基因体"复制会出错。

用生物学术语，"错"就是突变。不管是错还是突变，听起来都很负面，但其实不然。因为如果"基因体"复制永不出错，那就不会有生物演化。就是因为有"错"，才会有演化。好消息是，绝大部分的"错"会被修正。但随着年纪及环境的影响（例如吸烟），出错的机会就会增加，而细胞癌化的机会也跟着增加。

我曾说过癌是一种错综复杂的病，不管是其病因或治疗，都不可能在网络上讲得清楚。但我希望这篇文章能让读者了解，癌与人类的演化息息相关。因为如此，治疗癌就好像是在对抗演化的洪流。人类的演化是受到病毒的催化，而其中之一的代价就是癌。所以，只要有人类就会有癌。这也说明为什么我们花了大量的人力与金钱，对癌的治疗还只是杯水车薪。

所以，无须怪罪西方医学无能，也不要轻信治癌广告的吹嘘。我们虽然无法打垮癌，但可以选择过健康的生活来减少得癌的机会。如果得了癌，及早切除肿瘤也可治愈。

在我的网站"科学的养生保健"里，关于癌症的文章就超过100篇，因为我希望读者对于这个长居台湾地区死亡率第一名的疾病能有更多的了解，才能正确认识健康生活及培养早发现癌症的能力。

林教授的科学养生笔记

手术、化疗及放射治疗等治癌方法不一定有效，也可能有严重副作用，但是它们之所以还没被淘汰，是因为对付某些癌目前还没有更好的替代品。

草药或偏方的效果通常是不可考又夸大其词，但因为听起来很温和不可怕，所以会让面临生死抉择的人动心。但，一试下去，可能就错过了治疗时机。

我们虽然无法打垮癌症，但可以选择过健康的生活来减少得癌的机会。

咖啡不会致癌，而是抗癌

#咖啡、丙烯酰胺、抗癌

2018 年 3 月，几乎所有中英文媒体都在报道咖啡有致癌的疑虑。但大多数人，包括这些媒体可能都不知道，这个疑虑并非基于科学证据，而是出自政治与法律的操弄。

◇谣言的幕后推手

事件的起因是，一个叫作"毒物教育及研究议会"（Council for Education and Research on Toxics, CERT）的民间组织在 2010 年提出，要加利福尼亚州政府强迫各大咖啡饮料店标识"咖啡可能致癌"的警告。

但是，这个组织并不是真的存在于民间，而是只存在于司法诉讼的文件上。如果你去查询 CERT 的公司数据[1]，就会发现他们的电话和地址，实际上是属于"梅格法律集团"（Metzger Law Group）所拥有，老板是拉斐尔·梅格（Raphael Metzger）。这个法律集团的专长（生财之道），就是到加利福尼亚州法院控告企业（特别是食品行业），而 CERT 似乎就是它为这类诉讼而创造出来的公司。

加利福尼亚州在1986年投票通过65号提案（Proposition 65），规定：

①加利福尼亚州政府必须维持和更新已知具有致癌性或生殖毒性的化学品列表（即毒物列表）；②任何企业的产品如含有任何一项毒物列表上的化学品，就必须在其产品上做如实的标识（例如"可能致癌"）。

目前这份毒物清单上共列举了将近1000种化学品，这当然带给梅格法律集团无限商机。任何企业只要一被它告，就必须证明其产品不含有列表上的某一化学品（或该化学品不具毒性或致癌性）。例如，咖啡行业就必须证明咖啡所含的微量丙烯酰胺（Acrylamide）不会致癌。

◇◇丙烯酰胺的真相

而丙烯酰胺这个化学物质，既是法院常客也是新闻宠儿。丙烯酰胺是食物在高温（120℃以上）烹煮时，某些糖和天冬酰胺（asparagine）发生化学反应而产生的。用老鼠做的实验有提到丙烯酰胺会致癌。但目前还没有证据显示，人会因摄食丙烯酰胺而得癌症。

事实上，随便炒个菜或烤个面包都会有丙烯酰胺的产生。所以，我们实际上是天天都在吃丙烯酰胺。只不过在通常情况下，我们所摄食的量，还不足以致癌。

不过，企业如想得到类似丙烯酰胺不会致癌这样的证明，就必须做临床试验，而临床试验不但花费庞大（数千万甚至数亿美元），而且也无法保证就会取得毫无争议的证据。（空气也会致癌，您听过吧，还好没有卖空气的行业）

所以，被告企业最后都是被迫庭外和解，同意在产品上做有毒性或致癌性的标识。那梅格法律集团得到什么呢？根据《彭博新闻》（Bloomberg）的报道[2]，65号提案所引发的诉讼，光是去年一年就有760个庭外和解的案例，而被告企业共付出 3000 万美元的和解费，而其中的 72% 是付给律师的。《彭博新闻》也指出，梅格法律集团将从这个咖啡案子获得数百万美元。所以，您现在知道，咖啡致癌的幕后推手是谁了吧。

◇后续发展

而咖啡疑似致癌案的后续是，2018 年 3 月 30 日，加利福尼亚州法院做出判决，咖啡饮料店必须标识咖啡可能会致癌的警告。但 2018 年 6 月 15 号美国各大媒体报道，加利福尼亚州政府将拒绝加利福尼亚州法院的判决，咖啡不需要贴警告。

其中的转折是俄勒冈州的众议员库尔特·史瑞德（Kurt Schrader）在国会提出一个法案，要求在食品和其他产品上标注基于科学证据的标准。他在新闻稿中说：当我们在一杯咖啡上发出强制性癌症警告时，这个做法出现了严重错误。我们现在有这么多的警告，但是其与消费者的实际健康风险无关，因此大多数消费者都不理它们。如今，他提出的这项法案已经获得共和党和民主党共同的支持，进入参众两院审议，而其获得一致通过的机会应该说是不容置疑的。

很显然，美国国会的这个行动给加利福尼亚州政府打了一剂强心针，让它有胆站起来与法院对抗。加利福尼亚州政府在一份声明中称，"尽管在烘焙和酿造过程中所产生的化学物质是列为 65 号提案的已知致癌物，但拟议的法规将规定，饮用咖啡并不会造成严重的癌症风险。""拟议的法规是基于大量的科学证据，即喝咖啡并未显示有增加患癌症的风险，并有可能会降低某些类型癌症的风险。"

补充说明：我所发表的这篇文章被很多媒体转载，但它们标题里的"暴利"

一词，会给读者以错误的印象，以为律师们是一夕之间获得数百万美元的报偿。事实上，这个诉讼历时 8 年，原告和被告都很辛苦。所以，"暴利"这个词并不恰当。还有，整个事件的根源，是加利福尼亚州的 65 号提案给了律师们赚钱的机会。所以，就赚钱而言，错在那个提案，而不是律师。我这篇文章唯一的目的，是希望读者能了解，为什么"咖啡致癌"的疑虑，并非基于科学证据。

◇◇科学证据：咖啡不但不会致癌，反而会抗癌

我们已经证明了"咖啡致癌"是不肯定的，且理解了此立论并非基于科学证据而是法律操弄，那咖啡抗癌是否有科学根据呢？如果你在公共医学图书馆 PubMed 搜索标题里有 coffee 及 cancer 的论文，会看到共有 384 篇。其中 2015—2018 年的 50 篇摘要中，会看到 29 篇有明确表明咖啡能增加或减少患癌率。

在这29篇里面，3篇是表明增加患癌率，而26篇是表明减少患癌率。在那3篇表明增加患癌率的论文里，2篇是关于胰腺癌，1篇是关于胃癌。在那26篇表明减少癌率的论文里，所涵盖的癌类及论文篇数分别是：多种类的癌（5），大肠癌（5），前列腺癌（2），肝癌（2），口腔癌（2），皮肤癌（2），黑色素癌（2），胆囊癌（1），乳腺癌（1），膀胱癌（1），子宫内膜癌（1），胃癌（1），胰腺癌（1）。

关于胰腺癌，尽管有两篇论文说增加，却有一篇说减少；而关于胃癌，则各有一篇说增加或减少。另外值得注意的是，那两篇说胰腺癌增加的论文都特别强调"微弱增加"，而那篇说胃癌增加的论文则特别强调"其他因素"。

最后，2017 年有两篇涵盖多种类癌的论文，一篇是《在癌症预防研究－Ⅱ中咖啡饮用与癌症死亡率的关系》[3]，结论：这些发现与许多其他研究结果一致，

表明喝咖啡与结直肠癌、肝癌、女性乳腺癌和头颈癌的风险较低有关。另一篇是《喝咖啡与所有部位癌症发病率和死亡率之间的关联》[4]，结论：喝咖啡频率与所有部位癌症的死亡率成反比。在这个族群中，增加咖啡饮用导致所有部位癌症发病率和死亡率的风险降低。

根据这样的结果，可以得出结论：咖啡抗癌是被肯定的。

🖊林教授的科学养生笔记

"咖啡致癌"的传言，并非基于科学证据，而是出于法律操弄。就目前的科学证据而言，咖啡并不会致癌，反而有抗癌功效。

咖啡里面虽然含有微量的丙烯酰胺，但因为丙烯酰胺是常见的物质，日常摄取并无致癌的风险。而且目前还没有证据显示，人会因摄食丙烯酰胺而得癌症。

2017年的论文结论：喝咖啡频率与所有部位癌症的死亡率成反比。

地瓜抗癌，纯属虚构

#地瓜、癌症、甘薯贮藏蛋白、素食

网络上有很多吹捧地瓜抗癌的文章和影片。其中不乏出自营养师和保健专家之手。但他们的根据是什么呢？为了澄清这一莫名其妙的医学信息，我从 2016 年开始，连续发表了多篇文章。

◇◇ 美国版的地瓜谣言

有读者寄给我三篇美国版的地瓜抗癌倡议者的文章，第一篇是发表于 2017 年 10 月的《地瓜是抗癌食物吗？》[1]，作者是波尼·欣格登（Bonnie Singleton）。此人虽是音乐学硕士，但经常发表医学方面的文章。我早就看过这篇文章，当时就认定它所提供的地瓜抗癌信息纯属臆测。

第二篇是发表于 2015 年 11 月的文章《地瓜蛋白质 V.S. 癌症》[2]，作者是麦可·克雷格（Michael Greger），他虽拥有医学博士学位，但所从事的工作是通过写作及演说，叫大众不要吃来自动物的食物（肉、蛋、奶）。为了推广该理念，他在 2011 年创立了"营养真相"（NutritionFacts）的网站，而这篇地瓜文章就是发表在这个网站上。他为了推广"全植物"素食而所采取的极端手段，已经受到了许多人批评[3]。

这篇文章里提到的地瓜抗癌的科学研究，几乎全都是用"甘薯贮藏蛋白"（Sporamin）所做出来的，而其"治疗"对象，几乎全都是培养皿里的癌细胞，而非癌症患者。纵然是他所提到的"降低癌细胞转移"，也只不过是一个小型的老鼠模型试验。他所提到的"降低胆囊癌"，则是一个小型的问卷调查（64位患者），其中地瓜只是许多所谓的抗癌食物中的一种。（病人被问过去一年吃了多少地瓜、萝卜、辣椒、芒果、香瓜、木瓜、橘子等。请问，您有办法据实回答吗？）所以，他所谓的地瓜抗癌研究试验，不过是一些勉强沾到边的模型试验及问卷调查。

另外一篇文章《地瓜的惊人抗癌功效》[4]，作者是赛勒斯·卡巴塔（Cyrus Khambatta），他是位营养师，除了出书之外，还创设了至少两个跟饮食相关的营利网站，这篇文章就发表在他其中的一个网站上。除了标题耸动之外，他还在文章里说，甘薯贮藏蛋白已经在大肠癌病人身上证实可以减缓癌的生长及转移。

他的文章下面有提供 11 篇参考数据。可是，没有任何一篇是可以支持甘薯贮藏蛋白已经用在患者身上。在公共医学图书馆的搜索中，我也没找到任何地瓜或甘薯贮藏蛋白的人体试验。综上所述，您还相信地瓜抗癌是有科学根据的吗？

◇地瓜的营养价值分析

有位好友私底下跟我说，有好多人是真的相信地瓜抗癌，也有一些人是靠这个说法来卖地瓜为生，所以，我最好也讲讲地瓜的好处。

生的地瓜含有水（77%）、碳水化合物（20.1%）、蛋白质（1.6%）

和膳食纤维（3%），它几乎不含脂肪。一颗中等大小煮熟的地瓜约含有 27 克碳水化合物。其中淀粉约占 53%，单糖（葡萄糖、果糖）、蔗糖和麦芽糖则约占 32%。地瓜的血糖指数较高（44 ~ 96），所以较不适合糖尿病患者食用，尤其是烤的或炸的。一颗中等大小煮熟的地瓜含有 3 ~ 8 克的膳食纤维。其中可溶性的（如果胶）占 15% ~ 23%，非溶性的（如纤维素，半纤维素和木质素）占 77% ~ 85%。可溶性纤维（如果胶）可以通过减缓糖和淀粉的消化来增加饱腹感，从而减少食物摄入并减少血糖峰值。不溶性纤维有益健康，例如，降低糖尿病风险和改善肠道健康。

地瓜的蛋白质含量不高，一颗约只含有 2 克。地瓜也含有许多微营养素，例如，维生素 A 和维生素 C 及矿物质钙和铁。总之，就像之前接受台湾《联合报》访问时，我曾说，地瓜虽然不是什么抗癌第一食物，但它的确是营养丰富的食物[5]。

林教授的科学养生笔记

谣言说地瓜因为含有类固醇荷尔蒙 DHEA 而可以抗癌，可是地瓜非但不含 DHEA，而且 DHEA 也无抗癌功效。

有研究说"甘薯贮藏蛋白"（sporamin）具有抗氧化、抗癌等功效，但甘薯贮藏蛋白是蛋白质，所以吃进肚子后就会被分解成氨基酸，不可能有功效。

地瓜抗癌虽然已被证实是谣言，但它的确是营养丰富的食物。

微波食物致癌是疑惑

#传统加热、微波炉、营养素、牛奶、牛肉、蔬菜

读者 Sylvia 写信跟我说，她的一些朋友不敢用微波炉加热食物，因为害怕吃了微波加热的食物会致癌。其实，有关微波炉烹煮的食物是否安全，已经吵了快 40 年，而我也在 20 多年前就亲身遭遇过这个问题。当时，我大姐就是相信微波炉是有害，一直到 2018 年年初，我在台北的家人还是不用微波炉（5 月回去时看他们开始用了）。

虽然每次回到台北家，总觉得没有微波炉实在是不方便，但是基于尊重个人选择的原则，我从没有尝试过要"纠正"家人的想法。至于隔三岔五地收到的有关微波炉的电子邮件或短信，我总是想，反正不用微波炉也不会有什么危害，所以也就采取放任的态度。不过，因为这位读者的来信，我决定写下这篇文章正式探讨这个问题。

其实，网络上已经有相当多中文和英文的"辟谣"文章，它们都异口同声地说"微波炉有害"的说法是没有科学根据的。但事实上，有好多提倡"微波炉有害"的文章可是引经据典，振振有词。例如，一个看似非常科学的"健康科学研究"（Health Science Research）网站就发表了一篇《你该丢掉微波炉的十个理由》[1]，文章最后就洋洋洒洒地列举了 21 篇参考数据。

我对这 21 篇参考数据做了彻底的查证，而所得的结论是无一可信。但是，由于大多数读者不会像我这样去做查证，或是看又没看懂，所以往往就会相信"微波炉有害"是有科学根据的。而在这种情况下，"辟谣文章"里所说的"没有科学根据"，是不足以说服他们的。这也就是为什么"微波炉有害"的信息还是一直在流传。

◇◇微波炉无害的科学论文

基于这样的考虑，我决定要将所有相关的研究报告全找出来。还好，这方面的研究其实并不多，所以我大概花了一天的时间就全部看完了。下面就是这 8 篇研究的标题及结论：

1. 1981 年《煎锅烧烤和微波放射牛肉产生致突变物的比较》[2]，结论：用煎锅烧烤出来的牛肉含有致癌物质，用微波炉烧烤出来的牛肉则不含致癌物质。

2. 1985 年《微波烹调／复热对营养素和食物系统的影响：近期研究总览》[3]，结论：对维生素 B_1（thiamin）、核黄素（riboflavin）、吡哆醇（pyridoxine）、叶酸（folacin）和抗坏血酸（ascorbic acid）等营养素，微波炉比传统烤箱具有相同或更好的保持能力。就烧烤培根时所产生的亚硝胺量，微波炉比传统烤箱低。

3. 1994 年《微波预处理对牛肉饼中杂环芳香胺前体致突变物／致癌物质的影响》[4]，结论：微波预处理使牛肉饼中的杂环芳香胺前体（肌酸、肌酸酐、氨基酸、葡萄糖），水和脂肪减少高达 30%，并导致突变诱发活性降低 95%。

4. 1998 年《牛奶中的游离氨基酸浓度：微波加热与传统加热法的效果》[5]，结论：无论是用何种方式或温度来给牛奶加热，几种氨基酸（如天冬氨酸，*丝*

氨酸或赖氨酸）的浓度都没有改变。相反，无论用何种方法加热，色氨酸浓度都会下降。水浴加热比微波加热更会导致谷氨酸和甘氨酸的增加，表示更容易导致乳蛋白的水解。此外，水浴加热所导致的氨的累积也反映了谷氨酰胺的降解。微波加热所导致的鸟氨酸增加是令人感兴趣的，因为鸟氨酸是多胺的前体。此外，考虑到游离氨基酸浓度的微小变化和节省时间，微波加热似乎是加热牛奶的合适方法。

5. 2001 年《连续微波加热和传统高温加热后牛奶中的维生素 B_1 和维生素 B_6 保留》[6]，结论：关于加热对牛奶中维生素 B_1 和维生素 B_6 的保留，传统方法和微波之间没有差别。

6. 2002 年《用传统方法和微波烹调料理鲱鱼，对于总脂肪酸中 n–3 多不饱和脂肪酸（PUFA）的成分效果比较》[7]，结论：煮沸、烧烤和油炸等烹饪鲱鱼的过程，无论是用传统方式还是用微波炉进行，都不会导致总脂肪酸中 n–3 多不饱和脂肪酸（PUFA）含量减少，这表明这些脂肪酸有很高的耐久性和对热氧化的低敏感性。本研究中使用的烹饪过程对脂肪质量指标过氧化物和茴香胺值也没有显著影响。在传统和微波加热之后，鲱鱼的脂肪质量指标差别很小，并且表明初级和次级氧化产物的含量低。

7. 2004 年《微波料理和压力锅料理对于蔬菜质量的影响》[8]，结论：8 种豆类，即鹰嘴豆（Cicer arietinum）、蚕豆（Vicia faba）、豇豆（Vigna catjang）、扁豆（Dolichos lablab）、绿豆（Phaseolus aureus Roxb）、双花扁豆（Dolichos biflorus）、兵豆（Lens esculenta）和法国豆（Phaseolus vulgaris），用压力锅或微波炉烹饪并分析其营养成分。结果发现，烹饪方法不影响豆类的营养成分，然而，煮熟样品中的硫胺素减少了，烹饪改变了一些豆类的膳食纤维含量。压力锅或微波炉烹饪样品的平均体外蛋白质消化率分别为 79.8% 和 74.7%。

8. 2013 年《两种液态食物经由微波烹调和传统加热法后，没有发现显著差别》[9]，结论：我们比较微波炉加热和传统加热方式对牛奶和柳橙汁的影响，结果发现这两种加热方法之间没有重大区别。

从以上这 8 篇论文就可得知：①微波炉较不会产生致癌物质；②微波炉同等或更会保留营养素。当然，区区 8 篇论文是不足以建立真理。只不过，它们应当是比毫无科学根据的传说来得可信吧。

林教授的科学养生笔记

1981 年到 2013 年的 8 篇科学论文结论：①微波炉加热较不会产生致癌物质；②微波炉加热同等或更会保留营养素。

常见致癌食材谣言

#九层塔、罗勒、热饮、番石榴、香肠、马铃薯

　　网络上的健康谣言多如牛毛，对有致癌疑虑的饮食（或是有抗癌神效的产品）关心的人最多，所以这方面的谣言流传得也最广。光是我的个人网站"科学的养生保健"里面，跟癌症有关的传言就超过 100 多篇。以下这篇文章就是选自其中的几篇，分别是九层塔、热饮、番石榴和马铃薯。当然，以后还是会有更多，关心此项议题的读者，也可以定时到我的网站上面去查询浏览。

◇◇九层塔致癌是谣言

　　2006 年 6 月开始，有一篇九层塔会导致肝癌的网络文章开始流传，以下就是我查到的结果。九层塔的英语是 Basil，学名是 Ocimum basilicum，用学名就可在公共医学图书馆搜索到相关的医学资料。如果再加上 Cancer 这个关键词，就可搜索到与癌相关的资料。目前，总共只有 5 篇医学论文针对九层塔与癌相关性的研究。但是，它们的试验是要看九层塔萃取物是否能抑制培养皿里癌细胞的生长。更重要的是，它们所得到的结论是九层塔似乎有抗癌作用。那，为什么网络文章反而会说九层塔会致癌呢？下面一段话来自这篇网络谣言：

　　"九层塔里有一种成分叫作 Eugenol（英译丁子香粉，是一种化学物质，牙科用来治牙疼）这个成分已经证实会导致肝癌。而 Eugenol 的中文名称就叫作"黄樟素"。要知道这种毒素会在体内累积，国人罹癌指数年年攀升，这都跟吃进去的食物有关。"

　　这篇文章先说 Eugenol 的翻译是丁子香粉，然后又说是黄樟素（典型网络谣言的牛头不对马嘴）。但，其实这两个翻译都错了，Eugenol 的正确翻译是"丁香酚"或"丁子香酚"（此"酚"非彼"粉"）。不管如何，丁香酚真的有被证实会导致肝癌吗？

　　用 Eugenol 及 Cancer 这两个关键词到公共医学图书馆搜索，会搜到 220 篇论文。但是，阅读其中几篇后你就会发现，真正被关心的并非丁香酚，而是甲基丁香酚（Methyl-Eugenol）。从一份 2013 年世界卫生组织发布的文献就可看出，所谓的来自九层塔的致癌物是甲基丁香酚，而非丁香酚。更重要的是，甲基丁香酚的致癌性，是用通常摄取量数百倍的高剂量，在老鼠身上试验出来的。我想，除非有人天天把九层塔当青菜吃，否则要吃到致癌，还真不是一件容易的事。

　　还有，网络文章所说的"这种毒素会在体内累积"，也不正确。事实上，摄入的甲基丁香酚很快就会从尿液排出，并无所谓的累积。所以，网络文章所说的"证实"吃九层塔会导致肝癌，是完完全全地被我证实是胡说八道。

◇热饮致癌是过度渲染

　　2016 年 6 月，中英文媒体都大肆报道热饮会致癌，脸书里更是疯狂转载，哀号声此起彼落。但是有多少人看了原始报道[1]？更不用问有多少人看得懂那份报道。该原始报道是发表在《刺胳针肿瘤学》（The Lancet Oncology），这是一本很有分量的医学期刊，但它不是研究报告，而是被定位为"新闻"。

署名为此新闻的作者是十位专家，他们代表"国际癌症研究机构"邀请的23 位科学家组成的"工作小组"，来发布这个新闻。该工作小组的任务是评估咖啡、玛黛茶（Mate，一种盛行于南美的饮料）以及"很热饮料"的致癌性。

评估的结论是，咖啡及玛黛茶本身没有致癌性。但如以高温饮用，则可能有致癌性。在这里，"致癌性"所指的癌仅是食道癌。而"可能有致癌性"的判定是根据"有限的证据"（limited evidence）。

有限的证据是来自两个方面：人类调查和动物实验。人类调查是问：你是喝热、温或冷。也就是说，没有任何真正的温度数据。而事实上，如果你被问："你喝的茶是摄氏几度"，你能回答吗？

那么，动物实验呢？有两篇报告，一篇用 65℃的水灌大白鼠[2]，另一篇用70℃的水灌小白鼠[3]，水里面都加了致癌化学剂。也就是说，这两个研究都是在检验"高温是否会促进致癌物的致癌性"。那请问，你喝的热水、热茶或热咖啡里，是不是也添加了致癌物？

很不幸，新闻媒体及网络疯传的，几乎都变成了"65℃以上的饮料会致癌"。还有，请注意，那两个动物实验是用管子将热水直接灌进老鼠的食道。请问，你是这样喝热饮的吗？这两个实验完全忽略了我们在喝热饮时，是经过嘴唇及口腔的判断，才决定是否让饮料进入食道。如果太热，我们会本能地将饮料吐掉。也就是说，65℃以上的饮料根本就没有可能进入我们的食道。所以，所谓的证据：①人类调查根本没有温度数据；②动物实验根本不符人类情况。此类新闻，做做参考就好，无须大惊小怪。

◇◇一颗番石榴分解 18 根香肠毒素的真相

2015 年 11 月 9 号《苹果日报》报道："一颗番石榴，分解 18 根香肠毒素。

真强！富含维生素 C 清除亚硝酸盐"[4]。对于消费者来说，这真是个好消息，因为"只要吃一颗番石榴，就可以放心地吃 18 根香肠"，问题是，真的是这样吗？

这个新闻的发表，是缘于一份台湾农业试验所的研究报告，而该研究的启发是基于如下的逻辑思考：香肠含有亚硝酸盐→亚硝酸盐会跟肉类所含的胺结合，形成亚硝胺→亚硝胺是致癌物→水果含有抗氧化物，可"清除"亚硝酸盐（注：报道都说是清除或分解。但是，抗氧化物的功能就只是"抗氧化"）→农业试验所就测试 29 种水果"清除"亚硝酸盐的能力→水果是以"颗"为单位，取其可食部位榨成汁→将汁滴入亚硝酸盐溶液→溶液的颜色（桃红）变得越淡，就表示亚硝酸盐被"清除"得越多→实验的结果是，一颗番石榴可以"清除"相当于 18 根香肠所含的亚硝酸盐。

看到这样的实验，让我心中充满感慨：这就是台湾地区的科研水平？我只简单说几句：香肠之所以被认为是致癌物，主要是因为烧烤会促进亚硝酸盐和胺的结合（即亚硝胺的形成）。也就是说，在你将香肠放入嘴里之前，亚硝胺已经形成。那，这个时候（吃香肠的前后）吃番石榴，还来得及"分解"香肠的"毒素"吗？何况，18 根香肠所含的饱和脂肪、盐分、卡路里，又岂是一颗番石榴所能"分解"的？农业试验所怎么会幼稚到想要做这种实验？媒体又怎么会愚蠢到想要搞这种花边？想赚钱想疯了，也不应当拿老百姓的健康开玩笑吧！

◇◇马铃薯放冰箱会致癌，是把可能说成绝对

好友在2018年6月寄来一个影片，内容是两位年轻主持人生龙活现地在讲：绝对不要把马铃薯放冰箱，那会致癌。哇！这还得了！我们家的马铃薯都

是放在冰箱里。看来我需要去做断层扫描了。但是，说正经的，他们并不是在散布谣言，而是把"可能"说成了"绝对"，吓得我们这些"惊弓老鸟"一个个屁滚尿流。

这个不是谣言的谣言是源自两年前一个英国食品标准局（Food Standards Agency，FSA）所发布的消息[5]。我把其中的两段翻译如下："您还需要确保不要将生马铃薯存放在冰箱里，如果您打算在高温下烹饪，如烘烤或油炸。这是因为将生马铃薯存放在冰箱里会导致在马铃薯中形成更多的游离糖。这个过程有时被称为'冷甜化'（Cold sweetening 或 cold-induced sweetening）。""冷甜化会增加整个丙烯酰胺的含量，特别是如果马铃薯是用于炸、烘或烤。生马铃薯应存放在温度高于6℃的黑暗阴凉处。"

好，我现在将这两段话做进一步解释：将马铃薯存放在低温（3℃）环境下可以减缓发芽以及疾病的发生。可是，这会激活一些糖转化的基因，造成淀粉转化成所谓的游离糖（葡萄糖和果糖）。在高温处理（120℃以上的油炸或烘烤）的过程中，高淀粉食物里的游离糖会和天冬酰胺（asparagine）发生化学反应，形成丙烯酰胺（acrylamide）。丙烯酰胺在用老鼠做实验时，有致癌性。但是，目前还没有它会在人身上致癌的证据。

从这三点可以看出，形成丙烯酰胺的一个必要条件是120℃以上的高温。也就是说，一般中式的烹煮（炒马铃薯、罗宋汤），甚至于西式的沙拉，都不会使马铃薯产生丙烯酰胺。可是，影片里的主持人却说："如果把冰过的马铃薯拿去煮的话，那……就会变成丙烯酰胺……真的是很可怕……这跟很多癌症都有关系"。

"煮"就会产生丙烯酰胺？丙烯酰胺跟很多癌症都有关系？拜托，吹牛也要先打草稿吧。不管如何，英国食品标准局的建议是要把马铃薯存放在6℃

以上的地方。可是，如果是像台湾夏天的 36℃ 呢？您是要放在冰箱，还是放在 36℃，甚至于 40℃ 的屋子里？放在冰箱顶多只是"可能……"，可是放在 40℃ 则肯定会发芽，会坏掉。所以，您做何选择？不管您做何选择，这篇文章并没有要驳斥英国食品标准局建议的意思。我真正的重点是在于，奉劝那些提供健康信息的人，一定要多做深入的研究和调查。而最重要的是，"绝对""千万"不要把一分说成十分。哦，对了，要赶快去冰箱把马铃薯丢了。还有，别忘了打电话约做断层扫描。再见！

✎ 林教授的科学养生笔记

　　网络上有关健康的谣言实在太多，读者可以用网络搜寻和练习查阅可靠信息来源，并记得不要成为恶质谣言的传播帮凶。

　　若读者看到养生保健方面的传言，可以到我的网站"科学的养生保健"利用关键词查询，若没有相关数据，可利用网站上的"与我联络"写信给我。

浅谈免疫系统与癌症免疫疗法

#化疗、保健产品、免疫系统

有位读者写信问我："好像很多病因都和免疫系统有关。免疫系统可以用饮食来改善或调整吗？"

◇补充单一营养素无法改善免疫系统

我先请教这位读者一个问题：你曾经到医院看过"免疫科"吗？没有，对不对？台大医院也没有免疫科，它有的是一个叫作"免疫风湿过敏科"的次专科。

我再请教读者另一个问题：你有没有做过"免疫功能"的检查？没有，对不对？为什么这么重要的一个生理功能，就从来没有医生要你做检查？答案很简单：无从下手。

免疫系统在身体里无所不在，但我们却无法用听筒去听它，用X线去看它，或用血检去量它。更困难的是它所涵盖的范围太广了，广到你永远只能看到冰山的一角。

至于可以改善免疫系统的营养是哪一种营养？ABCDEFG、碳氮氧氟氖、镁钙锌铁铜、叶黄素、番茄红素、虾青素？你能想象有多少种类的营养元素吗？

我们就做个简单的运算：假设人类需要的营养素共有 100 个，而人类的免疫功能也共有 100 个。那么，如果想知道你是否摄取足够的营养来维护免疫系统，你就需要做 10000 项检查。

那保险公司会付钱让你做 10000 项检查吗？很抱歉，我不是故意要泄你的气。我唯一的目的只是要让读者知道，维护健康需要的是"全方位的考虑"。不要小心眼地计较要补哪个 A，要充哪个 B。维护免疫系统所需要做的其实跟维护其他系统没什么两样。

一封哈佛医学院寄来的电子报里面有这么一句话：我们的营养知识已经兜了一个圈，回到吃尽可能接近自然的食物。（Our knowledge of nutrition has come full circle, back to eating food that is as close as possible to the way nature made it. ）[1]。没错，我一再强调要吃自然的食物，那装在瓶子里，大罐小罐的补充剂和保健品，是自然食物吗？

◇◇癌症的免疫疗法，有真也有假

讲完了免疫系统和饮食的关系，我们再来谈谈"癌症的免疫疗法"这个极度复杂难懂的议题。介绍之前，请读者先看一则 2017 年 7 月 14 日的新闻（重点节录如下）：

> 香港医院药剂师学会调查发现，患者对于免疫疗法认知不足。而坊间一些产品滥用"免疫疗法"字眼，误导消费者。香港医院药剂师学会于 2017 年 4 ~ 5 月访问了 150 名癌症患者或康复者，其中只有一半人知道免疫力与癌症治疗有关。而对于坊间声称提升免疫力的保健食品，受访者中 77% 表示相信或半信半疑，53% 曾尝试过这些产品。

香港医院药剂师学会会长崔俊明提醒患者要注意分辨真假免疫疗法。他说，坊间滥用"免疫疗法"，吃一些保健品让身体强壮就说是"免疫疗法"，事实上未必有效。

从这则新闻就可看出，一般民众对于免疫疗法的模糊认知，促成了所谓的"营养免疫学"的横流，也造就了无数营养免疫产品的泛滥。但其实，真正的免疫疗法是与保健品毫不相干的。它大致上可分成三大类：被动、主动和过继。

1. **被动免疫疗法（Passive Immunotherapy）**：此疗法有时也叫作标靶免疫疗法（Targeted Immunotherapy），而最常见的做法就是将某一单一特性的抗体注入患者身体，来抑制癌细胞的生长或扩散。由于患者本身的免疫系统并没有参与治疗，所以，这一疗法才会叫作"被动"。最有名的例子应该是治疗乳腺癌的赫赛丁（Herceptin）。

2. **主动免疫疗法（Active Immunotherapy）**：此疗法最常见的做法就是将某一生物制剂注入患者身体，从而激活或加强患者本身的免疫系统（可能只是系统里某一或某几个特定成员）。由于患者本身的免疫系统必须积极地参与治疗，所以，这一疗法才会叫作"主动"。最有名的例子应该是治疗黑色素癌的吉舒达（Keytruda）。此药曾因为用于治疗卡特总统的黑色素癌，而声名大噪。目前，它已被证实对某些种类的肺癌也有效，而它也正在用于其他多种癌症的临床试验（但请勿相信媒体吹嘘它"治愈"卡特总统的癌）。2018 年的诺贝尔医学奖，就是颁发给对这一疗法最有贡献的两位科学家詹姆士·P·艾利森（James P. Allison）和日本免疫学家本庶佑（Tasuku Honjo）。

3. **过继免疫疗法**（Adoptive Immunotherapy）：此疗法最常见的做法就是将患者本身的某一特定的免疫细胞分离出来，然后通过实验室的培养来增加这些细胞的量或质，然后再将这些细胞输回病患体内，让它们和癌细胞搏斗。目前，这一疗法有一个已经被美国 FDA 批准的药，那就是专治前列腺癌的 Provenge。

以上有关免疫疗法的介绍，是力求简单明了，但是它所涵盖的实在只是冰山一角。我只希望这篇文章能让读者了解两件事：

真正的免疫疗法，与保健品毫不相干。所有那些声称能提高免疫力的保健品，都是骗人的。

免疫疗法还有很长的路要走。绝大多数的免疫疗法临床试验都以失败收场，而少数几个成功的也都只能延长几个月或几年的寿命。譬如 Provenge 的治疗费用超过 10 万美元，但平均只能延长寿命 4 个月。你能想象，这 4 个月的日子会是怎么过的？

一则 2015 年 5 月的新闻报道说，耶鲁大学癌症中心肿瘤科主任罗伊·赫布斯特（Roy Herbst）认为，免疫疗法有可能在 5 年内取代化疗。2017 年时，这个预言已经过去两年半了，而我个人实在看不出它会成真。尽管如此，免疫疗法将取代化疗的趋向，是一个无可争议的事实。只不过，请您千万不要相信什么它将会打垮癌症之类的噱头（媒体总喜欢夸大）。我们虽然无法打垮癌症，但可以选择健康的生活方式来降低患癌的几率。

🖊 林教授的科学养生笔记

维护健康需要的是全方位的考虑。不要小心眼地计较要补哪个 A，要充哪个 B，营养均衡就是就是吃尽可能接近自然的食物。

真正的免疫疗法，与保健品毫不相干。所有那些声称能提高免疫力的产品，都是骗人的。

免疫疗法还有很长的路要走。绝大多数的免疫疗法临床试验都以失败收场，而少数几个成功的也都只能延长几个月或几年的寿命。

阿尔茨海默病的预防和疗法（上）

#老人痴呆、阿尔茨海默病、B族维生素、侧睡、巧克力、运动

　　网络上可以看到无穷无尽的预防阿尔茨海默病（又称老年痴呆、老人失智）的偏方和小贴士，流传最广的椰子油治疗阿尔茨海默病，我已在本书关于椰子油的文章中澄清过，结论是：椰子油治疗阿尔茨海默病，目前是未获科学证实的。其他例如"舌头操防脑衰？""侧睡能预防阿尔茨海默病？""B族维生素　预防阿尔茨海默病？""巧克力能防阿尔茨海默病？" 等文章，我都已经详细解答。以下收录简单澄清的文章，想看完整文章的读者可以在我的网站上看到全文。

1. 舌头操防脑衰？

　　这篇很简单，就是作者假借脑神经专家高田明和教授之名，编织出的"防衰老舌头操"故事，完全没有可信度。

2. 侧睡能预防阿尔茨海默病？

　　这是纽约罗彻斯特大学（University of Rochester）和石溪大学（Stony Brook

University）合作进行的研究发现，观测老鼠大脑睡觉时采用侧睡姿势，可以较有效清除脑废物[1]。但报告中并没有提到侧睡有益于阿尔茨海默病或是帕金森病，甚至也没有人体实验。

这是大学为了争取名声，把一篇纯学术研究报告和大家关心的疾病挂上钩而发出的新闻稿[2]。很多大学甚至名校，都用这种方法获得捐款或研究经费。经过网络渲染，就可以把一个老鼠清除脑废物的实验，变成侧睡可以预防阿尔茨海默病的惊人发现。

3.B 族维生素预防阿尔茨海默病？

2014 年 12 月发表在《神经学》医学期刊的一篇大型的临床研究：该研究由多个研究机构参与，同时是双盲随机，又有安慰剂对照的临床试验，所以可信度极高[3]。它调查了 2919 名 65 岁以上同半胱胺酸过高的人，也就是所谓的阿尔茨海默病高风险族群，让他们每天吃含有 400 微克叶酸和 500 微克维生素 B_{12} 的片剂或安慰剂，共吃了两年。研究人员总结，吃叶酸和维生素 B_{12}，对同半胱胺酸过高老年人的认知功能，没有影响。

◇顶级期刊的《内科学年鉴》的建议

医学界已经完成了数百个各式各样预防阿尔茨海默病的临床研究。但是，真的有方法能预防阿尔茨海默病吗？要回答这个问题，当然不是一件容易的事。但是，现在我们应当有答案了。2018 年 1 月，美国医师学院（American College of Physicians）所发行的医学期刊翘楚《内科学年鉴》（Annals of Internal Medicine），一口气刊载了 4 篇相关的系统性分析论文。我将它们的标题及结论简短翻译如下：

1.《用运动来预防认知功能衰退和阿尔茨海默型痴呆》[4]，想用运动预防的结论是：根据 16 个临床试验的结果，没有足够证据显示短期单项运动（例如有氧运动、重力训练、太极拳）可以提高脑力或防止认知功能下降。但是，多方位干预（运动加上饮食控制及脑力训练）似乎能延迟认知功能衰退。

2.《用药物来预防认知功能衰退，轻度认知功能障碍和临床阿尔茨海默型痴呆》[5]，用药物预防的结论是：根据 51 个临床试验的结果，没有任何药物可以保护大脑。这些药物包括专门用于治疗阿尔茨海默病的药物，以及用于治疗其他老化健康问题的药物（如治疗糖尿病、高血压、高胆固醇及低荷尔蒙）。

3.《用非处方补充剂来预防认知功能衰退，轻度认知功能障碍和临床阿兹海默型痴呆》[6]，想要用维生素和补充剂来预防的研究结论是，根据 38 个临床试验的结果，没有任何非处方药可以预防阿尔茨海默病。这包括 Omega-3 脂肪酸、银杏叶、叶酸、胡萝卜素、钙和 B 族维生素、维生素 C、维生素 D、维生素 E。

4.《认知功能训练能防止认知功能衰退吗？》[7]，想用认知功能训练来预防的结论是，根据 11 个临床试验的结果，脑力锻炼并不能阻止阿尔茨海默病的发生。由此可见，没有任何药物或补充剂，可以预防阿尔茨海默病。

遗憾的是，综合这 4 篇期刊，单一运动、药物、补充剂和认知功能训练，目前都无法证实可以有效预防阿尔茨海默病。比较令人吃惊的是，脑力训练竟然也无济于事。唯一有用的是：运动加上饮食控制及脑力训练，所以结论还是那句话：常运动，多交友，节制均衡的饮食。

✎林教授的科学养生笔记

舌头操、侧睡、服用 B 族维生素，都无法防治阿尔茨海默病。

单一运动、药物、补充剂和认知功能训练，目前都无法证实可以有效预防阿尔茨海默病，唯一证实有用的是：运动加上饮食控制及脑力训练。

阿尔茨海默病的预防和疗法（下）

#安眠药、阿尔茨海默病、aducanumab 抗体、唑吡坦

2017 年 12 月同乡聚会时，有位女士问我，吃安眠药会导致阿尔茨海默病吗？我给她的简单答案是"会"，但是真正的答案是比较复杂的。

◇安眠药有导致阿尔茨海默病的风险

先来看以下这则报道：2017 年 11 月，《美国老人医学协会期刊》刊载了一篇研究报告，标题是《老年人使用唑吡坦与阿尔茨海默病风险的关系》[1]。这篇研究报告出自台北医学大学的研究团队，他们分析近 7000 位 65 岁以上的台湾地区居民使用唑吡坦类安眠药与阿尔茨海默病风险的关系，结论是：有显著的关系。事实上，早在 2012 年 9 月就有一篇报告说，服用苯二氮卓类安眠药，会增加阿尔茨海默病的风险[2]。

2014 年 9 月有另一篇报告[3]说明服用苯二氮卓类安眠药，会增加阿尔茨海默病的风险。

不过，在 2015 年 10 月及 2017 年 3 月，分别有两篇报告表明，并没有看到服用苯二氮卓类安眠药，会增加阿尔茨海默病的风险。这两篇报告分别是《苯二

氮卓类药物的使用和发生阿尔茨海默病或血管性痴呆的风险：病例对照分析》[4]
及《苯二氮卓类药物的使用和发生阿尔茨海默病的风险：基于瑞士声明数据的
病例对照研究》[5]。

也就是说，服用安眠药是否会增加阿尔茨海默病的风险，仍具争议。但
是，无可争议的是，安眠药绝非是治疗或应付失眠的首选。安眠药除了有很
多副作用之外，也不能让人真的进入熟睡的状态。服用安眠药的人在睡醒后，
反而会有头晕，没睡饱的感觉。说得难听点，安眠药并没有让你安眠，只是
把你迷昏了。

这也就是为什么，所有正规的医疗机构，都建议要以生活形态改变来作为
应付失眠的首选。因为药无好药，能不吃就不吃。我的建议是尽量用生活形态
的调整来应付失眠及三高等慢性病。而所谓生活形态改变，可以参考以下做法：

·去除造成失眠的因素，如担心子女或事业等。也就是说，要看得开，放
得下，把健康摆第一。

·每天固定的时间三餐及睡觉。

·每天早晨晒太阳（调整生理时钟）。

·每天做足够及适量的运动，但不得迟于睡前 4 个小时。

·避免酒精、咖啡因和尼古丁。

◇阿尔茨海默病救星尚未出现

2017 年 11 月，好友寄来一篇文章，出自他付费订阅的财经分析在线杂志《史
坦斯贝瑞文摘》（The Stansberry Digest）。文章的标题是《解答阿尔茨海默病
的魔咒》（Breaking the Alzheimer's Curse），内容介绍一种阿尔茨海默病新药

给读者（即投资人）。另外《财富》（Fortune）也在 2017 年 10 月发表《一种新的免疫疗法能解答阿尔茨海默病药物的魔咒吗？》[6]所以，好友之所以希望听我的意见，可能除了想获取科学新知，也想作为投资的参考。但接下来我的说明只根据目前的科学研究，不具有任何投资建议。

其实，这篇文章的前言里已表明，它只是一个更新版（原作发表于 2016 年 10 月），主要目的是借由分析一篇刚发表的临床研究报告，来吸引投资。该研究报告是发表在顶尖科学期刊《自然》（Nature），标题是《抗体 aducanumab 减少阿尔茨海默病的 Aβ 斑块》[7]。该临床研究属于第一期，其结果表明，学名为"Aducanumab"的抗体，能有效清除病患脑中的斑块，同时也能改善患者的认知功能。由于这样的疗效远远好过预期，研发该抗体的公司决定跳过二期临床试验进行第三期临床试验。第三期临床试验曾被终止，但现在又被重新启动，目前尚无结果，所以目前对于这一抗体疗效的认知，也就完全局限于对那篇发表于 2016 年的报告的解读。

但读者需要注意，阿尔茨海默病的病理极端复杂。因此，新药的研发难免会顾此失彼。Aducanumab 是专为清除 Aβ 斑块而研发的。但有些阿尔茨海默病的专家认为此病的元凶并非 Aβ 斑块，而是 tau 蛋白或其他分子。事实上，在 Aducanumab 出现之前，已经有好几个针对 Aβ 斑块的抗体进行的临床试验，但最终都以失败收场[8]。

所以那篇文章只告诉投资人这个研究光鲜亮丽的一面，但不知已有多少前人在新药研发上血本无归。而谁又敢说 Aducanumab 不会重蹈覆辙呢？

也实在是巧合，就在同一天，世界首富比尔·盖茨宣布个人（不是他的基金会）捐出 1 亿美元，来帮助阿尔茨海默病的研究。如果 Aducanumab 真如文章所说能解答阿尔茨海默病的魔咒，那聪明如盖茨者，还会做这样的宣布吗？

不管如何，不论是学术界或生技业，都正在大量投入阿尔茨海默病新药的研发[9]。但愿由于他们的努力，真的会有这么一天，阿尔茨海默病的魔咒能被解答。

✎ 林教授的科学养生笔记

目前为止，服用安眠药是否会增加阿尔茨海默病的风险的医学论文是正反都有，所以还有争议。

安眠药绝非是治疗或应付失眠的首选，除了有很多副作用之外，也不能让人真的进入熟睡的状态，调整生活状态才是解决失眠的根本之道。

阿尔茨海默病的病理极端复杂，抗体 Aducanumab 只是正在进行中的一个研究，成败尚未可知。

胆固醇，是好还是坏？

#鸡蛋、饮食指南、高密度胆固醇、运动

有人吃鸡蛋只吃蛋白，而把营养高的蛋黄丢到垃圾桶；也有人看着一桌子的海鲜，只能流口水而不敢下筷。为什么？因为他们相信吃高胆固醇食物，会让血液中的胆固醇升高。

◇无须过度担心高胆固醇食物

真的吗？食物中的胆固醇，跟你本身的胆固醇有关联吗？长庚医院的网站提供了非常详尽的胆固醇食物含量对照表，并且在对照表的下面写着："注意事项：美国心脏学会建议，每人每日所进食的胆固醇不应超过200毫克"。

看了这样一间大医院提供的信息，是不是让你更深信不疑，不敢吃高胆固醇食物？我先说"200毫克"是错的，美国心脏学会建议的上限是"300毫克"。但这不是重点，真正重要的是，早在2013年，美国心脏学会就已放弃"300毫克"这个立场。而这个立场的改变是因为，由该学会和"美国心脏学院"（American College of Cardiology）共同主持的研究调查结果，无法继续支持过去认为"食物中的胆固醇和食用人血液中的胆固醇有关联"的观点。有兴趣的读者，可参考注释的网址，阅读该研究报告[1]。另外，食物中的胆固醇是否会增加心血管疾病的风险，这也无法得到确认。这个结论发表在 2015 年的论文[2]。

上面这两份报告，很少有人知道。但美国农业部发表的最新《美国饮食指南》（2015—2020）[3]，则引起轩然大波。该指南是由众多专家组成的咨询委员会所撰写，并附有一份科学报告[4]。我把它有关食物胆固醇的结论，翻译如下：

> 先前《美国饮食指南》，建议胆固醇摄取量每天不超过 300 毫克。2015 年的饮食指南咨询委员会，将不再提出这一建议。因为，已有的证据显示，饮食中的胆固醇和血清胆固醇，并没有可认知的关系。这与美国心脏学会和美国心脏学院的调查报告结论是一致的。胆固醇不是一个当过度摄取时需要关注的营养素。

这个指南公布后不到一年，美国农业部就被一个叫作"美国责任医师协会"（PCRM）的团体告上法庭[5]。其告状声称，撰写该指南的咨询委员会的成员接受鸡蛋工业的金钱资助，才会写出这么一个对鸡蛋工业有利的饮食指南。

所以就跟之前曾谈过的基因改造议题一样，食物胆固醇也是官方说可以，而民间偏说不可以。但就我看过的科学报告大多认为，我们血液中的胆固醇，只有少量是来自食物胆固醇。也就是说，高胆固醇食物不应当让你过度担心。

我想大多数的读者都知道，血液中的胆固醇有好和坏两种。可食物中的胆固醇有好坏之分吗？当然没有。也就是说，不管你吃下的食物胆固醇是多或少，最后决定它会变成好的或坏的，是你自己。更正确地说，是由你自己的生活形态来决定的。

◇如何增加好胆固醇？

前面写到，美国心脏学会已不再建议设定胆固醇摄取量的上限。但这并不表示，从此你就可以天天吃牛排大餐。我想，您一定听过胆固醇有好、坏两种，但严格地讲，胆固醇本身并没有好坏之分。

所谓的好胆固醇是指搭着"好车"的胆固醇，而坏胆固醇是指搭着"坏车"的胆固醇。所谓"好车"，指的是"高密度脂肪蛋白"，缩写是 HDL。所谓"坏车"，指的是"低密度脂肪蛋白"，缩写成是 LDL。

为什么 HDL 是好，而 LDL 是坏？这是根据很多调查才发现的，HDL 的量和患心脏血管疾病的概率成反比；而 LDL 的量则和患心脏血管疾病的概率成正比。

至于为什么会这样，现在还没有已被实验证明的解释。目前被广为接受的理论是，HDL 把胆固醇运出血液，降低血管被塞住的风险。而 LDL 则把胆固醇运入血液，增加血管被塞住的风险。

那要怎样才能增加 HDL 或降低 LDL 呢？目前很肯定的是，决定 HDL 和 LDL 的量，基本上有 3 个因素：遗传、饮食习惯和运动量。

我们目前还没有方法可以改变遗传，所以我就不再谈遗传。但很多研究已发现，饮食清淡不但可以降低总胆固醇的量，更可以提高 HDL 和降低 LDL。那怎样才是饮食清淡？提供您做参考的是含有大量蔬果、豆类、橄榄油、天然谷物和适量鱼、乳制品、肉和红酒的地中海饮食[6]。

其实，不管是地中海还是地外海，主要的原则就是多吃青菜少吃肉。当然，这种老生常谈的论调，总是说得容易，但做起来难。所以，我都会跟朋友说，就选那个让你比较不痛苦的吧，只要愿意付出代价。最后强调，可能比饮食更重要的是运动。尤其如果你不太愿意牺牲口福，那就更要多做运动。此点无须怀疑，因为这方面的文献已经多到无须再提。

✎ 林教授的科学养生笔记

因为无法证实食物中的胆固醇和食用人血液中的胆固醇有关联，美国心脏学会已在 2013 年放弃每人每日进食的胆固醇上限为 300 毫克的立场。

我看过的科学报告大多认为，我们血液中的胆固醇，只有少量是来自食物胆固醇。也就是说，高胆固醇食物不应当让你过度担心。

饮食清淡不但可以降低总胆固醇的量，更可以提高好胆固醇和降低坏胆固醇，地中海饮食就是很不错的参考，多吃青菜少吃肉和运动也很有帮助。

50 岁以上的运动通则

#重量训练、网球、高尔夫、跑步

　　我的亲朋好友们都知道运动对健康很重要，所以常问我要怎么运动。首先强调，本篇有关运动的论述，主要针对 50 岁以上的人。还有，虽然运动对健康的重要无可争议，但并没有举世公认的科学证据说，哪一种或哪些运动，对年纪大的人比较有帮助。

　　我先解释一下自己为什么够资格谈这个话题。且不谈高中大学时所玩的各种运动，就说来美国之后，我持续一年 365 天做运动也有 30 年了。虽然近几年来，激烈的程度是一年不如一年，但以一个 60 岁出头的人来讲，我的运动量还是相当可观的。最近半年来，我以每 8 天为一周期。第一跟第五日跑步；第三跟第七日游泳；其余四天举重。每次跑步跑 30 分钟，4.8 千米；每次游泳游 10 分钟，1.6 千米（混合四式）。举重则是利用健身房里各式机器，但以胸、背、臂膀为重点。

◇什么是最好的运动？

　　为了能正确地做运动，我经常观察健身房里教练怎么教，也持续阅读相关的文章，吸收最新知识。所以，我应该是够资格谈这个话题。年轻时的运动主要是以好玩为诉求，年纪大时则应以保健为目标。

1. 持续的。指没有间断的，像跑步跑 30 分钟，游泳游 40 分钟，就是持续的。跑步时，最好不要跑跑停停（如跑 1 分钟走 2 分钟）。游泳则可以每游 100 米或 200 米，就休息 1 分钟。

2. 均衡的。就是全身上下左右，有推就有拉，有伸就有屈。像网球和高尔夫球虽然好玩，却是以单手为主，会因为不均衡而造成运动伤害。我也奉劝只走路或骑脚踏车的朋友，最好也做些手臂的运动。

3. 有适当强度的。指在身体条件允许的情况下，做最费力的运动。如果你能以每小时 4.8 千米的速度走 30 分钟，那下次就把速度调到每小时 5 千米。总之，目标是把心肺功能调到你能承受的最高点。

其实"最好的运动"这个题目并不是一篇或两篇文章就能完整地回答。尤其，运动的种类有上百甚至上千种，而每一种都有它的优缺点。大多数的球类运动，像网球和高尔夫球，是左右不平衡的，所以可能会引发肌肉疼痛 [1]。而发球所需的大力一挥，往往也因多数人动作不正确，容易造成关节受伤。不过，话又说回来，打球时朋友相聚，嘻嘻哈哈，谈天说地，毕竟是有益健康的。所以，如果你认为没有疼痛或受伤的风险，那就无妨打打。

◇重量训练的必要性

相较于球类运动，在健身房里和机器对抗的重量训练，可能会是很无聊的。但它提供的是均衡的、稳定的，以及全身性的操练。所以，从物理的角度来看，它对年纪大的人来说，是比球类运动来得较有帮助。

也就这么巧，写到这里正好收到一封电子邮件。它是哈佛大学提供给大众的免费健康信息。标题是《想活得更久更好？重量训练》（Want to live longer and better? Strength train）[2]，我将其中两段话翻译如下：

> 一个人从30岁到70岁，平均会失去1/4的肌肉力量，而到90岁，则会失去一半。"光是做有氧运动是不够的，"罗伯特·施雷伯医师（Dr. Robert Schreiber）说，"除非你是做重力训练，否则你会变得虚弱，缺乏功能。"
>
> 一个初学者的重力训练只需20分钟，而且也无须吼、撑或流汗。关键是制定一个全面的方案，进行有良好姿势的练习，以及有连贯性。力量在4～8周之内，就会有明显的长进。

在健身房，我见过有人只做跑步。他们很勤快地每天跑步，跑几十分钟。运动量可说是相当可观。可是，他们的上半身像挂了几个小水袋，随着步伐，一抖一抖地跳动。真是非常可惜，亏了他们如此努力地运动。我就想不透，为什么他们从没想过要做点上半身的运动。这样不但可以加强上半身的力量，也可减轻双腿的负荷。

就像那篇哈佛大学的文章所说的，只要做一些简单不费力的重力训练，就可以很快地改善体力。所以，我奉劝只做双腿运动的朋友，最好还是加入一些双臂的运动，这样才会有全方位的健康。

林教授的科学养生笔记

年轻时的运动主要是以好玩为诉求，年纪大时则应以保健为目标。保健的运动最好是：①持续的；②均衡的；③有适当强度的（会流汗喘息）。

健身房里的重量训练，虽然看似无聊，但提供的是均衡的、稳定的，以及全身性的操练。从物理的角度来看，重量训练对年纪大的人来说比球类运动更有帮助。

阿司匹林救心法

#普拿疼、冠状动脉、止痛药、可体松、布洛芬

某天和朋友聚餐时，有人提到是否可以服用阿司匹林救心，可惜莫衷一是，没有结论。因为这是人命关天的大事，必须加以澄清，所以我特别写了这篇文章。

◇冠状动脉梗死的原因

心脏病发作常被称为心肌梗死，但心肌其实是不会梗死的。真正梗死的是冠状动脉，也就是供应氧气及养分给心肌的血管。冠状动脉之所以会梗死，是因为它的管壁上有胆固醇堆积形成的斑块，有时候斑块会破裂，进而吸引及激活血小板来包裹破裂的斑块。当斑块被血小板包裹到足以塞住血管时，该条冠状动脉就无法继续供应氧气给其下游的心肌。那些心肌就会死亡（而非梗死），心脏无法正常运作，人就会猝死。

被激活的血小板会制造及分泌"血栓素"（thromboxane）。而"血栓素"会进一步激活其他的血小板，形成一个恶性循环，加速冠状动脉梗死。血小板制造"血栓素"的过程需要由"环氧合酶"（cyclooxygenase）来催化。而阿司匹林具有抑制"环氧合酶"的功效。

◇保养型和急救型的重点

服用阿司匹林来救心，分成保养和急救两型。所谓保养就是每天吃低剂量，预防血栓的形成。低剂量指的是 81 ～ 325 毫克之间，由医师根据病患个别情况来决定。

很重要的是，一旦保养就不可以突然停止，因为会有反弹作用，引发心脏病发作的危险。所谓"急救"，就是在有心绞痛症状时，赶紧吃一粒 325 毫克。但是，如何正确地吃这一粒急救用药的步骤，是非常重要的。

在一篇 1999 年发表的研究里[1]，有 12 名志愿者在 3 个不同日子里以 3 种不同方式服用阿司匹林。第一种是先花 30 秒咀嚼一粒 325 毫克的阿司匹林，然后喝 120 毫升的水，将药吞咽。第二种是将一粒 325 毫克的阿司匹林跟 120 毫升的水，直接吞咽。第三种是喝 120 毫升的 Alka Seltzer（含有阿司匹林的抗酸药）。实验结果如下：

第一种方式：在服用后 5 分钟达到降低血清"血栓素"浓度 50%，在服用后 14 分钟达到最大血小板抑制作用。

第二种方式：在服用后 12 分钟达到降低血清"血栓素"浓度 50%，在服用后 26 分钟达到最大血小板抑制作用。

第三种方式：在服用后 8 分钟达到降低血清"血栓素"浓度 50%，在服用后 16 分钟达到最大血小板抑制作用。

所以，先咀嚼再吞咽会比直接吞咽还快差不多两倍达到抑制血小板的作用。也就是说,如要急救就需要先咀嚼药片再吞咽。另外,用来急救的阿司匹林,不可以是"肠溶"剂型的。因为这种剂型被吸收的速度较慢,所以会延缓急救的功效。补充说明:以上步骤主要参考一篇哈佛的文章[2]及一篇梅友诊所(Mayo Clinic)的文章[3]。

◇◇有心脏病的人最好随身携带阿司匹林

我们来看一下 2015 年 4 月的一则新闻[4],其中有两个重点是想要实行阿司匹林保心法的读者应该注意的:

密西根大学医学院内科医学副教授马克·芬瑞克(Mark Fendrick)曾表示,如果他漂流荒岛,阿司匹林是他会随身携带的药物之一,因为成本每天只要两分钱,却有很多益处。

但阿司匹林其实也有严重的副作用,经常服用的话,即使是缓冲型或肠溶性的阿司匹林,得胃肠道穿孔性溃疡或出血的可能会提高一倍。每年因这个问题而死亡的人多于死于哮喘或子宫颈癌者,却鲜少受到注意。

最需要每天吃阿司匹林的人,是有个人或家族心脏病史的人,包括心脏病发作、中风或心绞痛、糖尿病患以及有得到心脏病的多重风险因素,例如高血压、高血脂或吸烟的人。研究显示,从未有过心脏病发作或中风者,日服阿司匹林可把冠状动脉心脏病的风险减少 28%。

第一段表明了有心脏病的人,随身携带阿司匹林是个可行的方法。第二段提到"即使是缓冲型或肠溶性的阿司匹林也会伤胃"，这触及一个常见的疑惑："肠溶性的阿司匹林不会伤胃"。

药厂当初研发肠溶性的阿司匹林，是认为只要阿司匹林不与胃壁接触，就不会引发胃痛或胃出血。但哈佛大学的研究发现，即使药片安全到达肠道才溶解，阿司匹林还是一样会伤害胃细胞[5]。原因是阿司匹林经由小肠吸收后，进入血液而循环到全身每一个部位。一旦到达胃部，它会抑制胃细胞里的"环氧合酶"，使得胃细胞无法抵抗胃里的强酸。所以，肠溶性的阿司匹林一样伤胃，一样会引起穿孔性溃疡。

所以结论是该吃还是不该吃？这是目前医学界一直在讨论的议题。我的建议是，你若属于心脏病或中风的高风险族群，那最好还是吃。

◇◇为何止痛药强调不含阿司匹林

有位朋友在看过我发表的几篇有关阿司匹林的文章之后，私底下问我：为什么现在很多止痛药都强调不含阿司匹林？要回答这个问题之前，需要先对止痛药的类别及药理，做个简单的了解。由于鸦片类止痛药是处方药，所以我就不做介绍。非处方的止痛药，也就是民众可自行购买及服用的，可分为"消炎性"及"非消炎性"两大类。

非消炎性止痛药，顾名思义，这类止痛药是适用于控制非发炎性的疼痛，例如，感冒和头痛。它们是通过抑制中枢神经（阻断痛觉传导）来达到止痛的效果。最具代表性的莫过于乙酰胺酚（Acetaminophen，同 Paracetamol），而由它所衍生出来的品牌数不胜数。在台湾地区最有名的莫过于普拿疼（Panadol），而在美国则为泰诺（Tylenol，台湾也有）。乙酰胺酚除了止痛之外，也有退烧的功效，但没有消炎功效。它的副作用很少，但过量会损害肝脏，尤其是酗酒者或已经有肝病的人。

消炎性止痛药则适用于控制发炎性的疼痛，如肌肉酸痛和关节炎。它们的医学名称是"非类固醇抗炎药"（Non-Steroidal Anti-Inflammatory Drugs，简称 NSAIDs)。那为什么会取这么一个拗口冗长的名字呢？这就需要先从类固醇谈起。

我最常在文章中谈到的类固醇就是维生素 D，而连带一起常提到的类固醇就是男性荷尔蒙（睾酮）和女性荷尔蒙（雌激素）。另外有一个我从没提起但很有名的类固醇，那就是可体松（Cortisone）。可体松可以通过抑制免疫反应来达到消炎止痛的功效，所以它是"类固醇抗炎药"。虽然可体松有非常好的消炎止痛的功效，但它却也有非常多不良的副作用，如精神病、骨质疏松、肾上腺萎缩等。所以，它必须要有医师的处方才能用，而这当然就限制了它的普及，使其无法成为日常用药。

相对于"类固醇抗炎药"，当然就是"非类固醇抗炎药"。"非类固醇抗炎药"是通过抑制"环氧合酶"（Cyclooxygenase，COX）来达到消炎止痛的功效。"环氧合酶"分为 COX-1 及 COX-2 两种。第一代的"非类固醇抗炎药"会抑制 COX-1 及 COX-2。第二代的"非类固醇抗炎药"则只会抑制 COX-2。（不过实际情况并非如此壁垒分明）

COX-1 具有减少胃酸分泌，增加胃黏液分泌等保护胃壁的功能。所以当它被抑制时，就可能会引发胃溃疡。而这也就是为什么会有需要研发第二代（只会抑制 COX-2）的"非类固醇抗炎药"的原因。最经典的第一代"非类固醇抗炎药"，非阿司匹林莫属。而它当然也是众所周知的胃溃疡高手（常会引发胃溃疡）。

另一个也堪称经典的第一代"非类固醇抗炎药"是布洛芬（Ibuprofen，

商品名"芬必得")。由于它是如此"受欢迎"（尤其在美国），以至于有人戏称它为"维生素 I"（没它不能活）。虽然它也会引发胃溃疡，但不像阿司匹林那么严重。

最为人熟知的第二代"非类固醇抗炎药"是希乐葆（Celebrex）。它虽然不会引发胃溃疡，但上市后却被发现有引发心脏病及中风的风险。所以，原本很聪明的发明（要取代第一代），却反而沦为需要处方，无法普及的药。

说到这里，我们可以来谈为何止痛药要强调不含阿司匹林。在台湾地区，"不含阿司匹林、不伤胃"是尽人皆知的洗脑广告词，而它就是为普拿疼量身打造的。（aspirin 的中文音译有多种版本，如阿司匹零、阿司匹林等）所以，这就是营销手法。就是利用阿司匹林会伤胃的恶魔形象，来凸显自己的温和善良。

没错，就如前面所说，普拿疼（即乙酰胺酚）的副作用的确是较少、也较温和。但是，由于它没有消炎的功效，所以它所能应付的毛病也就相对较少。还有，它会伤肝的风险，也是不容忽视的。

✎ 林教授的科学养生笔记

是否该吃阿司匹林来保养心血管，这是目前医学界一直在讨论的议题。我的建议是，你若属于心脏病或中风的高风险族群，那最好还是吃。

服用阿司匹林来救心，分成保养和急救两型。保养是每天吃低剂量，预防血栓的形成。而急救型的吃法，步骤很重要，请读者不要等闲视之。

普拿疼的副作用相对于阿司匹林较少也较温和，但由于没有消炎的功效，所以所能应付的毛病也就相对较少，还有伤肝的风险，也是不容忽视的。

Part 4
书本里的伪科学

葛森疗法、救命饮食、生酮减肥、间歇断食、酸碱体质……出版界每年流行的健康议题千奇百怪，哪些可信哪些可疑？

似有若无的褪黑激素 "奇迹" 疗法

\# 失眠、时差、伊波拉病毒、阿司匹林

2018 年 7 月，读者 Andy 寄信给我，他说：最近看到了许多关于褪黑激素各种神奇功效的信息，例如《褪黑激素奇迹疗法》这本书中所提，褪黑激素除了常见的助眠功能外，居然还有许多神奇的效用，并强调没什么副作用。所以想请教授帮忙确认这个信息的可信度。

读者所提到的这本《褪黑激素奇迹疗法》（The melatonin miracle: nature's age-reversing, disease-fighting, sex-enhancing hormone），其繁体中文版上市日期是 2018 年 2 月，但原文书的出版日期却是远在 1996 年 3 月。这样一本 22 年前的书，现在才被翻译出来卖，是什么道理？而您知道，这 22 年来有关褪黑激素的医学论文有多少吗？答案是将近 2 万篇！

也就是说，平均是以每天两三篇的速度在发表。所以，读者从这本书所获得的信息，是不是堪称石器时代？当然，石器时代是不可能已经在谈"增进性能力"。所以，我承认我是在夸大其词。只不过，您应当可以理解，我的目的就只是要强调，这本翻译书也未免太跟不上时代了吧。

不管如何，就研究的项目而言，褪黑激素的确几乎是无所不治。不信的话，您可以看看这篇 2014 年发表的综述论文《褪黑激素，黑暗的激素：从睡眠促进到伊波拉病毒治疗》[1]。

伊波拉病毒治疗！这可不是网络谣言，而是千真万确的医学信息，而且还是有条有理，绝非空穴来风。其他褪黑激素治疗的对象还包括高血压、癌、阿尔茨海默病、记忆衰退、帕金森病、毒瘾、心血管疾病、寄生虫、糖尿病、精神病、眼疾、口腔炎、胰脏炎、牙周病、肝病、细菌感染、中风、肥胖、头痛等。

但是，您有没有注意到，我是说"就研究的项目而言"。也就是说，这些"百病的治疗"，目前都还停留在"研究"的阶段。至于它们是否会前进到"临床"的阶段，我个人不抱乐观态度。

这是因为，纵然是目前最确定的"失眠治疗"，也不是对人人都有效。还有，众所皆知的"时差调整"，也一样因人而异。也就是说，褪黑激素似乎是什么病都能治，但似乎又是什么病都不能治。一切都是似有若无，捉摸不定。

所以，所谓的褪黑激素奇迹疗法的确是"奇迹"。尤其是增进性能力这点。想想看，吃了褪黑激素之后，是不是会昏昏欲睡，而当你昏昏欲睡时，还会想嘿咻嘿咻吗？

至于"没什么副作用"，当然也是夸大。目前已经确定的副作用有头晕、恶心、呕吐、嗜睡、焦虑等。另外，褪黑激素也会影响其他药物的作用，例如，抗凝药（阿司匹林）、免疫抑制剂、糖尿病药、避孕药等。总之，不管是"奇迹疗法"，还是"无副作用"，都是营销手段，听听就好，不要太信以为真。其实在我们平常吃的食物之中，几乎都含有褪黑激素，尤其是谷类（玉米、紫米），含量更是高[2]。但是，虽然是天天吃，您却根本就不知道，也没有任何感觉，不是吗？所以，这又是"什么功能都有，却什么功效都没有"。

林教授的科学养生笔记

1996—2018 年,22 年来有关褪黑激素的医学论文有将近 2 万篇,内容可以说是无所不治,但都停留在研究而非临床阶段,并没有确定的真正临床疗效。

我们平常吃的食物之中,几乎都含有褪黑激素。尤其谷类如玉米和紫米,含量更是高,但却不会给食用者任何特别的感觉。

褪黑激素确定的副作用有头晕、恶心、呕吐、嗜睡、焦虑等,也会影响其他药物的作用,例如,抗凝药(阿司匹林)、免疫抑制剂、糖尿病药、避孕药等。

备受争议的葛森癌症疗法

#自然疗法、癌症、咖啡灌肠、排毒

好友寄来一封电子邮件询问我的意见，标题是《癌症的十大自然疗法》，原文作者是乔许·艾克斯（Josh Axe）。文中所列举的十大"自然疗法"，分别是：

①葛森疗法（Gerson Therapy）；②布纬食疗（The Budwig Protocol）；③蛋白水解酶疗法；④维生素C螯合疗法；⑤乳香精油治疗法；⑥益生菌食品和补充剂；⑦晒太阳+补充维生素D_3；⑧姜黄与姜黄素；⑨氧疗与高压氧舱；⑩冥想默祷与内心平和。

本文作者乔许·艾克斯博士是经自然医学会（DNM）认证的医师和经美国营养学院认证的临床营养师，也是脊骨神经医学博士。2008年他开始运营"出埃及记健康中心"（Exodus Health Center），已成为全球最大的功能医学（Functional Medicine）诊所之一。其创办的网站www.DrAxe.com则是访问量排名全球前10的自然健康网站（月访问量逾六百万），探讨话题包括营养、天然药物、健身、健康食谱、家庭疗法和热门健康新闻等。

◇◇自然疗法的盛行与危害

信件里面列举的十大"自然疗法"里的第 2～10 条，我想读者应当有能力自行判断它们的功效会是如何。至于第 1 条葛森疗法（Gerson Therapy），是一种很危险的疗法，曾造成许多患者死亡，我在本文会详细介绍。有鉴于此，任何建议做此疗法的人，我想就应当被"另眼相看"，而乔许·艾克斯就是属于这种需要被另眼相看的另类人物。

网络上有非常多有关这个人的信息，大多是他自己的歌功颂德。不过，偶尔还是可以看到几篇"揭发披露"的文章。例如，《乔许·艾克斯在Dr. Oz电视节目里胡说八道》[1]《偶然中毒，乔许·艾克斯被揭穿》[2]【Axe-idental Poisoning（Josh Axe Debunked），Axe-idental是Accidental的变形，将此人的姓Axe取代Acc，暗示他的言论像毒药】《乔许·艾克斯"博士"在思考抉择下一个假博士学位》[3]。

从这 3 篇文章的标题，读者应当就可以看出，乔许·艾克斯是一位自称医生的自然疗师。在世界各地，有太多太多的自然疗师，他们利用网络、书籍、演讲、影片等，来贩卖各种保健品图利。不可思议的是，他们都拥有广大的粉丝团，书籍的销量也很惊人。究其原因，不外乎是人们一听到手术、化疗、电疗这些医学治疗方法就害怕，而听到吃草药、喝果汁、晒太阳、冥想等自然疗法就很放松。只不过，"自然"真的有效吗？其实在浪费您的时间和金钱，甚至于耽误了正规治疗的时间。

有一位名叫布丽特·玛丽·贺密士（Britt Marie Hermes）的女士曾经是自然疗师，但现在却致力于揭露自然疗师的种种不肖行为。为此她还成立了一个叫作"自然疗法日记"（Naturopathic Diaries）的网站。在 2016 年 7 月 6 日，她发表了一篇《自然疗法有太多的庸医》（Naturopathic medicine has too much quackery）[4]，而在另一个叫作"科学医药"（Science-Based Medicine）的网站，她也发表了4篇深度谈论自然疗法学院的种种胡作非为[5]。总之，从这么一位洗面革新的过来人口中，您应该可以自己判断孰是孰非吧。

◇◇葛森疗法的内容

现在来详细说明一下所谓十大癌症自然疗法的第一项——葛森疗法。《救命圣经·葛森疗法》（The Gerson Therapy）一书十分畅销，信徒也很多，所以当我做完葛森疗法的研究之后，觉得有必要把它介绍给读者。尤其是有人正考虑选择这一疗法，希望他能在看完此文之后，再做最后决定。

"葛森疗法"是马克思·葛森（Max Gerson，1881—1959）于1920年代为治疗自己的头痛而创立的。不久后，它的主要治疗对象转为结核病患者。目前，它最广为人知的治疗对象是癌症。

葛森认为癌细胞会产生大量毒素，而肝脏为了清除这些毒素会不胜负荷。所以，葛森疗法的重点就是要分担清毒的工作（所谓的排毒），同时恢复和保持健康的肝功能。而要达到这个目标，就需要：①严格控制饮食；②补充营养；③咖啡灌肠。

严格控制饮食的做法是，患者必须素食至少6周，吃特定的水果和蔬菜，而这些蔬果必须生吃，或用本身的汁液炖煮，盐或任何香料都不允许，亚麻籽油是唯一可以加入烹煮的油，锅具绝不可以是铝制的，只能是铁制。除此之外，患者必须每天13小时，每小时喝一杯新鲜配制的果菜汁。果菜汁必须是将水果和蔬菜用特制的榨汁机压碎，而不是用果汁机打碎。这一特制的"葛森果汁机"在当时（60多年前）是卖150美元一台。

补充营养的做法是：①服用碘化钾、维生素A、维生素C及维生素B_3、胰岛腺酶及胃蛋白酶；②注射粗制的生牛肝萃取物及维生素B$_{12}$。③咖啡灌肠的做法是，用刚煮好的咖啡（不过滤），将其从肛门灌入直肠及大肠。这需要自己做，每天做1~4次。

◇◇葛森疗法争议实例

在1946年和1949年，两篇发表在美国医学会期刊的文章总结，这一疗法是没有价值的。美国国家癌症研究所审查葛森1947年的10个病历及1959年的50个病历，得到的结论是，这一疗法没有任何好处。

在1972年及1991年，美国癌症协会曾两度公布对这一疗法负面评估的声明，强调其功效缺乏科学证据。葛森疗法从未通过美国FDA的审核，所以它在美国是非法的。马克思·葛森死于1959年。他的女儿夏绿蒂·葛森（Charlotte Gerson）在1977年在加州圣地亚哥设立葛森研究所（Gerson Institute）。这一机构的宗旨就是推广葛森疗法。它提供教学课程、贩卖产品并且经营两家诊所。在墨西哥的诊所，收费为每一星期疗程5500美元，至少需两个星期。在匈牙利的诊所，其收费为两星期疗程6500欧元。

在1979年到1981年的两年间，有10位患者被送进圣地亚哥地区的医院接受治疗。他们共同的病历是在发病前一周内接受葛森疗法（9人癌症，1人红斑狼疮）。其中有9人是在墨西哥的葛森诊所做治疗，另一人则是在自己家里。他们共同的症状是败血症。其中9人的血液分离出"胎儿弯曲菌"（Campylobacter fetus），另一人则从腹腔液分离出同一种细菌。因为此菌通常是牛羊特有的（会引发流产），所以推测这10位患者的败血症是源自服用（吃或注射）受细菌污染的生牛肝。另外，这10位患者中，有5位因极端低血盐而昏迷，而低血盐可能是因为饮食禁盐或因为咖啡灌肠。有一位患者于1周内死亡。

2015年3月6日，澳大利亚新闻报道"健康斗士"（The Wellness Warrior）去世的消息。这位斗士的本名是洁西卡·安思考（Jessica Ainscough），生于1985年，死于2015年。她在22岁时（2007年）被诊断出左手罹患"上皮样肉瘤"（epithelioid sarcoma），需要截肢。但她决定采用葛森疗法，并且设立"健康斗士"网站报道治疗的进展及提供医疗建言。此网站大受欢迎，使她有六位数的收入。她的报道总是正面，尽管所附上的相片都避免露出左手。她的母亲也在2011年被诊断出罹患乳腺癌，同样决定采用葛森疗法，结果两年后死于乳腺癌。

读者如上网搜寻，保证会看到一大堆鼓吹葛森疗法的信息。这当然也包括了许多台湾地区的团体及个人提供的"互助""日记"等。我之所以写这篇文章，主要是提供科学的证据，希望能让面临抉择的人可以多思考一下，而非一面倒地听到有效，做了可能会后悔的决定。

✎林教授的科学养生笔记

葛森疗法是一种很危险的疗法，曾造成许多病患死亡。在1972年及1991年，美国癌症协会曾两度公布对这一疗法负面评估的声明，强调其功效缺乏科学证据。

葛森疗法从未通过美国FDA的审核，所以它在美国是非法的。

生酮饮食的危险性

#酮体、椰子油、脂肪、低糖饮食、高脂饮食、糖尿病

2017 年 7 月，有位台湾地区读者想请教我一个问题，因为她的朋友正采用一个听起来蛮恐怖的减肥法，那就是喝咖啡加奶油和椰子油（又称为防弹咖啡）。这位朋友说效果很好，一个礼拜就瘦了 4 千克。但是，她担心这样做是不是会损害健康。

我跟她说，这个减肥法叫作"生酮减肥"，我的建议是，生酮减肥可能有效，但需要十分小心。其实，我已经注意生酮饮食快一年了，收集了很多资料和朋友传来的影片，里面的人总是会天花乱坠地说生酮饮食能减肥、治糖尿病、治癌等，台湾地区出版业也在 2017 和 2018 年趁势出版了许许多多跟生酮有关的书籍，更加助长这波热潮。因为这么多人突然关心起生酮饮食，我就用这篇文章讲解它的来龙去脉。

◇生酮饮食的内容

生酮的意思就是"产生酮体"，所以，生酮饮食就是指"会产生酮体的饮食"。酮体的化学结构是一个氧带着两个碳氢链。譬如去指甲油的"丙酮"，就是一种酮体。在一般（正常）情况下，我们的身体只会产生少量酮体。但是，如果你的食物严重缺乏碳水化合物（如米饭、面包、马铃薯、水果等），那两三天后你的身体就会产生大量的酮体。此时身体就会出现失眠、累、没胃口、拉肚子、便秘等症状，同时呼吸及尿液会有酮的异味。

原因是这样：在一般（正常）情况下，我们身体的能源是葡萄糖，而葡萄糖来自碳水化合物。如果食物中缺乏碳水化合物，身体就无法取得葡萄糖作为能源。两三天后，身体里的脂肪就会被分解成酮体，成为替代能源。这就是"低糖饮食减肥法"的理论基础，利用剥夺糖分来强迫脂肪分解。

多数读者应该听说过"阿特金斯饮食"（Atkins diet，又称阿金饮食），这是 20 多年前风靡一时的"低糖饮食减肥法"。后来因为新闻报道阿特金斯本人是死于他自创的饮食法，而使得此法不再受到追捧。

那么，现在正受到追捧的生酮饮食跟过去受到追捧的阿特金斯饮食，有何不同？我们知道食物里含有 3 种大分子营养素，那就是碳水化合物（糖类）、蛋白质和脂肪。一般（正常）饮食里含有 40% 的碳水化合物，30% 的蛋白质和 30% 的脂肪。"阿特金斯饮食"分成四个阶段。第一阶段为期两周，而其食物含有 10% 的碳水化合物，20% ~ 30% 的蛋白质和 60% ~ 70% 的脂肪。在之后的 3 个阶段，碳水化合物的比例可以随个人需要而逐渐提高。

生酮饮食有几个不同版本，而所谓的标准版是含有 5% 的碳水化合物，20% 的蛋白质和 75% 的脂肪。所以，生酮饮食和阿特金斯饮食最大的不同就是，前者特别强调脂肪的大量摄取，而后者只注重碳水化合物的控制（不在乎蛋白质和脂肪的个别比例）。

更简单地说，生酮饮食与其说是"低糖饮食"，还不如说是"高脂饮食"。这也就表示，生酮饮食里的食物基本上就是高脂肪的肉类（例如培根）。那很多人会问，吃一大堆肥肉，怎么反而会瘦呢？肯定的说法是，因为肥肉吃多了会腻，会降低食欲，从而降低整体卡路里的摄取。

另一个说法是，"生酮"的过程会造成细胞流失水分，所以体重的减轻是由于脱水，而非失去脂肪。很多人也会问，吃一大堆脂肪，是不是会提高患心血管疾病的风险？倡导生酮饮食的人当然说不会。有些甚至会说"生酮饮食"可以降低坏胆固醇，提升好胆固醇等，反而会降低患心血管疾病的风险。

但就医学证据而言，这并不是一个容易回答的问题。为了长话短说，我就只引用一篇 2017 年 5 月发表在知名期刊《营养》的论文，标题是《生酮饮食对心血管危险因素的影响：动物和人类研究的证据》[1]。下面是这篇论文结论的精简翻译：

> 根据现有文献，生酮饮食可能可以改善某些心血管危险因素（如肥胖、2 型糖尿病和 HDL 胆固醇水平）。但是，这种作用通常维持不久。由于生酮饮食富含脂肪，所以可能会产生一些负面影响。例如，老鼠会产生非酒精性脂肪肝和胰岛素抗性。对于我们人类，胰岛素抗性也是潜在的负面影响，但有一些研究表明胰岛素敏感性有所改善。虽然生酮饮食对肥胖的人来说可能有益，但要维持减肥是一个主要问题。

从这个结论可以得知，生酮饮食对肥胖的人可能有益，但要长久维持，则有困难。目前的医学界，不管是政府机构（例如，美国国家健康研究院）还是私立组织（例如，美国心脏协会及肥胖协会），都没有特别针对生酮饮食做出表态。但不管如何，他们都还是维持建议不要摄取过多的饱和脂肪。

美国国家健康研究院的网站仅有一篇有关生酮饮食的文章，日期是 2015

年 8 月 13 日，标题是《国家健康研究院的研究发现削减膳食脂肪比削减碳水化合物更能减少身体脂肪》[2]。

这里所指的研究是减少同样卡路里的情况下，饮食脂肪限制比碳水化合物限制更能导致肥胖人体脂减少[3]。简单地说，在削减同样卡路里的情况下，肥胖的人采用低脂饮食会比采用低糖饮食削减 68% 较多的体脂。由此可见，美国国家健康研究院的立场是倾向于低脂饮食，而非低糖饮食。

不管如何，读者需要认清生酮饮食是一种相当另类且具有潜在危险性的减肥方法。如想尝试，一定要先咨询有经验的医生，不可以贸然行事。网络上有些文章说得天花乱坠，就让它去天花乱坠。不要信以为真。

✎ 林教授的科学养生笔记

目前的医学界，不管是政府机构还是私立组织，都没有特别针对生酮饮食做出表态。但不管如何，他们都还是维持建议不要摄取过多饱和脂肪。

生酮减肥是一种另类且具有潜在危险性，可能有效，但要长久维持则有困难，而且需要十分小心的方法，想尝试者请先征询有经验的医师。

"救命饮食"真能救命？

#救命饮食、癌症、胆固醇、素食、美国饮食指南

2018年7月，读者risc寄信给我，他说："林教授您好，最近看了《救命饮食》这本书，书中其实只有强调一个概念，素食（减少动物性蛋白摄取）可以改善，甚至可能治疗疾病，包含癌症。作者在书中不断强调他们团队有多达330篇医学论文，看起来含金量颇高，但我其实看不太懂医学论文以及每个实验的统计结果是否真的有其意义。在此希望能经由您的专业知识，帮助我们了解书中的内容是否正确。"

我先说明，《救命饮食》系列在台湾地区有两本，都是同一出版社发行。第一本的副标题是"越营养，越危险"，作者是 T. 柯林·坎贝尔和汤马斯·M. 坎贝尔二世(T. Colin Campbell, Thomas M. Campbell Ⅱ)，发行日期是2007年5月。第二本的副标题是"人体重建手册：坎贝尔医生给所有病患的指定读物"，发行日期是 2016 年 6 月。

第一本的原文书名直译是"中国研究"（The China Study），第二本则是"坎贝尔计划"（The Cambell Plan）。这两个与"救命"或"饮食"毫不相干的英文书名，竟然会被包装成"救命饮食"，足见台湾出版商的营销手法。只不过，您如果相信它们真的会救您的命，那就未免太天真了。

《救命饮食》英文版封面

◇◇中国膳食研究的背景

其实，这两个英文书名是有渊源和出处的，尤其是"中国研究"，有非常重要的历史背景。在 1983 年，中国预防医学科学院、康奈尔大学和牛津大学共同开展一个研究，称为"中国—康奈尔—牛津计划"（China–Cornell–Oxford Project），目的是要了解饮食习惯对健康的影响，其方式就是通过调查 1983—1984 年间，中国 65 个县市的饮食习惯，以及 1973—1975 年间同地区的人癌症和慢性病的死亡率，希望获得饮食和疾病的相关性。

　　这项研究的结果，在 1991 年用中英文两种语言同时发表在《中国膳食，生活方式与死亡率》（Diet, Life-style and Mortality in China），这是一本厚达 894 页的巨著，售价 240 美元。

　　T. 柯林·坎贝尔当时是带领康奈尔大学团队参与这项研究的教授。所以，这项研究后来就成为他撰写书籍的题材。不管是那本学术巨著，还是后来那本"小说"，它们都有一个很简单的结论：即动物性食物（包括奶和蛋），是癌症和慢性病（如心血管疾病和糖尿病）的根源。

　　两本书中提供了非常多的数据，但这些数据都是通过"观察"（即非实验）取得。它们也从未被"同僚评审"（peer-review，这是建立科学性的必要条件）。它们所建立的"食物与疾病的相关性"也就只是"相关性"，而非"因果性"。所以，这两本书都不应该被拿来当作是医学或健康指引。

　　事实上，书上的许多主张是极具争议性的，有些甚至与科学证据抵触。例如，书中主张绝对不要摄取任何胆固醇（只存在于动物性食物）。但事实上，最新版的《美国饮食指南》（Dietary Guideline for Americans 2015—2020 Eighth Edition）就像之前在胆固醇的文章提到的，已取消对胆固醇摄取的上限（该指南是由数百位专家联名撰写的美国官方文献）。

　　许多专家与学者也对这两本书严厉批评，认为它们是为了提倡素食而故意妖魔化动物性食物[1]。总之，极端饮食主义者，不管是叫人家要多吃脂肪，还是叫人家要断绝动物性食物，往往是会操弄或扭曲数据来支撑他们不可能被证实的主张。所以，像《救命饮食》这样的书，看看参考就好，不要太信以为真。

◇◇该如何看待《美国饮食指南》

前面提到最新的《美国饮食指南》已取消对胆固醇摄取的上限，不过读者可能不太了解这本官方文献的重要性，我想有必要在此跟读者说明一下这个指南的由来和该如何看待其中的建议。

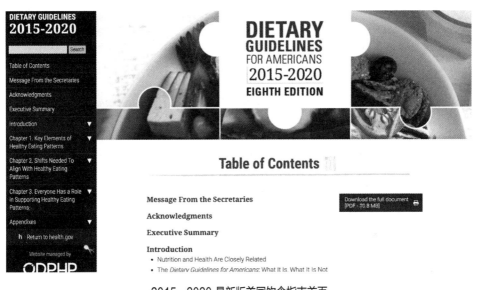

2015—2020 最新版美国饮食指南首页

第一本《美国饮食指南》是在 1980 年发布。10 年后，美国国会通过了"国家营养监测及相关研究法"。该法案的第 301 条规定，卫生部和农业部每 5 年共同审查、更新和发布《美国饮食指南》。

从 1980 年到 2010 年的七版《美国饮食指南》都是以发布的年份作为标题。2015 年最新的这本（第八版）则改用"2015—2020"。每次发布新版指南之前，卫生部和农业部会召开一个咨询委员会来审查营养科学的证据。这一咨询委员会是由具有国家名声的营养和医学研究人员、学者和从业人员组成。

咨询委员会会召开一系列的公听会，而其中一次是让公众也有机会发言。此外，公众在任何时候都可提供书面意见给咨询委员会。之后，咨询委员会会制定一份综合当前科学和医学证据的咨询报告，而公众还继续有机会在公开会议上对该咨询报告提出意见。

最后，卫生部和农业部会采用咨询报告中的信息，以及公共和联邦机构的意见，来制定新版的《美国饮食指南》。每一版指南都根据最新科学数据，巨细靡遗地列出所有营养素摄取量的每日最低和最高上限（或不设限）。由于它是由联邦机构制定，所以具有如下的影响力：

· 形成联邦营养政策和计划的基础。

· 帮助指导地方，国家和国家的健康促进和疾病预防举措。

· 通知各种组织和行业（例如，由食品和饮料行业开发和销售的产品）。

也就是说，凡是政府管得着的地方（如食品工业和医疗机构），都需要遵照这本指南。但凡是政府管不着的（如营养师、自然疗师等私人行业）则无须遵照。所以，尽管指南的制定耗时费日，它也就只是指南，而非法令。更可怜的是，它还要被骂、被告、被不当利用等，真不晓得值不值得。

对读者而言，应当注意的是，《美国饮食指南》里的意见都是温和理性的，既不惊爆也无颠覆。所以，当你看到用耸动标题和夸大语句来谈《美国饮食指南》的文章时，就直接把它丢进垃圾桶。

🖊林教授的科学养生笔记

　　《救命饮食》书中的数据，都是通过"观察"（即非实验）取得，也从未被同侪评审。其建立的"食物与疾病的相关性"也就只是相关性，而非因果性，所以不应该被拿来当作是医学或健康指引。

　　极端饮食主义者（提倡多吃脂肪或提倡不吃动物性食物），往往会操弄或扭曲数据来支撑他们不可能被证实的主张。

间歇性禁食，尚无定论

#断食、糖尿病、减肥

2018年7月，读者Andy来信询问：我最近看到了一些关于间歇性禁食（Intermittent Fasting）的信息，例如，这篇文章《间歇性禁食：惊人新发现》[1]。我自己搜寻了一下，感觉大部分都是正面看法，然而我妈妈有轻微糖尿病，所以加上关键词搜寻之后居然看到这一篇《2型糖尿病：间歇性禁食可能增加风险》[2]。现在有点搞不清楚谁说的是对的，想请问一下您的看法。

◇所谓间歇并没有定义

首先，间歇性禁食是一种新兴的减肥方法。但是，到底要怎么做才算是"间歇"，则莫衷一是。而这个不确定性可能就关系到它是否有效，以及它是否有益（或有害）。

读者提供的第一篇是2018年6月发表在哈佛大学网站的文章，内容基本上是正面看待这个减肥方法，但是它也提出一些警告。第二篇文章是2018年5月发表在《今日医学新闻》（Medical News Today），主要内容是间歇性禁食可能会引发2型糖尿病，它根据的是一个截至目前尚未正式发表的研究。这个研究是非正式地发表在一个学术会议上，实验对象是没有肥胖问题的老鼠。所以，它的结论是否适用于采用间歇性禁食来减肥的人，这是值得商榷的。

但是不管如何，由于所谓的"间歇"，可能是一天数小时或一个礼拜数天，也可能是完全不吃或只是少吃，所以，它对身体的影响可能是有益，也可能是有害，目前医学界并无定论。

我一向不相信任何极端或激进的减肥方法，例如，叫人家要大吃肥肉或叫人家一下子什么都不吃。我唯一相信的就是最简单的数学公式，即"进＜出"，就是摄入的卡路里必须小于用掉的。还有，这个"小于"必须是温和的。如此才能避免伤害身体，也才能持之以恒。

◇ 16：8 禁食的例子

美国加州州立大学有位王伟雄教授，在网志分享自己实行温和的间歇性禁食而得到不错的效果[3]。他用的这个方法叫作 16：8，也就是每天禁食 16 个小时，只在特定的 8 小时内进食。例如，每天只在早上 11 点和下午 7 点各吃一餐，而在两餐之间只吃些水果。当然，与此同时，运动也是必需的，否则光是减重也不见得健康。至于这两餐要吃多少，原则上是以不饱也不饿来做判断。还有，根据这位王教授，要到第三个礼拜，减重的效果才会出现。所以，一定要有耐心。如果到了第四个礼拜还是没有效果，那可能就要再少吃一点或多运动一点。

但不管如何，我个人认为间不间歇或禁不禁食，其实并不重要。真正重要的是少吃一点、多动一点，再加上持之以恒。

✎ 林教授的科学养生笔记

　　所谓的"间歇"，可能是一天数小时或一个礼拜数天，也可能是完全不吃或只是少吃，所以，它对身体的影响可能有益，也可能有害，目前医学界并无定论。

　　希望读者对于任何极端或激进的减肥方法，都要心存疑问。最值得相信的就是简单的数学公式，即摄入的卡路里必须小于用掉的卡路里，而且使用温和不激进的方法减肥。

减盐有益，无可争议

#食品添加物、高血压、钠

2018 年 8 月，我的网站收到这封电子邮件，他说，林教授您好，非常感谢您协助我们查证传言。我受过一些科学教育，看得懂英文，也有意愿做查证。但说到查询科学文献和分析判断的能力，和您是差得太远。非不为也，是不能也。若不从文献着手，真不知道哪里有可靠的信息作为查证基础。因此您的努力，对大家很有帮助！在此想请问"多吃盐会引起高血压？高血压研究权威推翻'盐分＝不好'观念"[1] 这则报道的可信度如何？

读者提到的，是一篇 2018 年 8 月发表在元气网的文章，内容节录自一本叫作《吃对盐饮食奇迹》的书。这本书的作者是细川顺赞，中文版在 2018 年 7 月出版。本书的文案是"减盐才是现代的乱病之源！真正的好盐，大量摄取也没关系！日本养生专家的好盐救命饮食"。所以，元气网的文章说"推翻'盐分＝不好'的观念"，而书本的广告更进一步说"减盐才是现代的乱病之源"。元气网的文章里共提出三个"证据"：

1. 据说在距今 60 多年前的 1953 年，美国高血压专科医师梅内利博士曾经连续 6 个月喂食 10 只实验用的老鼠。

2. 美国的高血压专科医师达尔博士也在 1960 年发表了一篇论文，内容是针对盐的摄取量与高血压之间的关系所进行的调查。

3. 研究高血压的世界级权威青木久三博士（1933—1990）对这些学说提出不同的见解。

请问，读者有没有注意到上面这三个"证据"里的日期？1953、1960、1933—1990。这就是广告里说的"现代的"乱病之源？还有，数据显示这位所谓的"高血压的世界级权威青木久三博士"是生于1933年，死于1990年，享年57岁。那么为什么他无法得享长寿，难道是因为爱吃咸？不管如何，可以确定的是，他所做的研究绝对都是发生在1990之前。也就是说，这三个"证据"至少都是30年前，甚至于是67年前的事了，这在医学领域里应当可以被称为"远古时代"了吧。不管如何，我们现在来看看几个真正的"现代的"证据。

◇◇减盐有益的现代科学证据

2014 年《饮食盐分摄取与高血压》[2]，在这篇论文的摘要和结尾有两段话，分别翻译如下："作为应付全球非传染性疾病危机的首要行动之一，世界卫生组织（WHO）强烈建议减少膳食盐摄入量，并敦促成员国采取行动，减少人口中的膳食盐摄入量，以减少死于高血压，心血管疾病和中风。""总之，适度减少饮食盐摄入量通常是降低血压的有效措施。从当前的每天摄入量 9 ~ 12 克减少到建议水平的低于 5 ~ 6 克，会对心血管健康产生重大的有益影响，同时在全球范围内节省大量医疗成本。"

2015 年《世界减盐倡议：全球目标步骤系统性评估》[3]，这篇论文开头有两句话，翻译如下："心血管疾病是全球死亡的主要原因，每年造成 1700 万人死亡，占全球死亡人数的 30%。心血管疾病的主要危险因素是高血压，而过量摄入钠是一个重要原因。估计每天摄食超过 2 克的钠会导致每年 165 万心血管相关的死亡，相当于约每 10 例就有 1 例。"

2015 年《高钠会造成高血压：临床实验和动物实验的证据》[4]，这篇论文摘要中有这两句话："人体试验和人口研究显示高血压与平均膳食钠之间存在很强的相关性，而且动物研究发现，高钠饮食会剧烈地降低血管功能。尽管有一些逆向研究，但我们发现压倒性的证据表明钠摄入量的增加会导致高血压。"

2016 年《膳食中的钠与心血管疾病风险：测量很重要》[5]，这篇论文最主要的目的是探讨为什么会有研究认为降低钠的摄取反而会增加心血管疾病。所以，它做了一系列的分析，而所得的结论是，这些逆向研究所采用的测量方法是有问题的，以至于会得到错误的结论。还有，在这篇论的结尾有这一句话："在美国，每年仅减少 400 毫克的平均钠摄入量，就可以避免多达 28000 人的死亡，并节省 70 亿美元的医疗保健费用。"

2017 年《了解全人类减盐计划背后的科学》[6]论文的第一段是："世界各国政府和国际机构对全部证据的独立系统评价，所得到的一致结论认为，减少盐对全人类的健康有益。然而，一些科学家继续制作和引用与世界卫生组织减盐指南相冲突的矛盾发现。虽然有冲突的研究在任何研究领域并不罕见，但就盐的情况而言，这些研究引起了广泛的媒体关注，误导项目领导人、临床医生和一般公众，并阻碍计划的实施。尽管受到国际专家批评，认为其设计和方法有问题，而其结论无效，但此类妨碍进展的研究还是发生了。"

从以上这些论文就可看出，减少盐摄取对健康有益，几乎是无可争议的。

纵然有争议，那也是因为研究方法的错误。但不幸的是，少数人就是借助于这些错误的研究，来散播所谓的颠覆性言论，置大众的健康于不顾。

✎林教授的科学养生笔记

　　心血管疾病是全球死亡的主要原因，每年造成 1700 万人死亡，占全球死亡人数的 30%。心血管疾病的主要危险因素是高血压，而过量摄入钠是一个重要原因。

　　世界卫生组织强烈建议减少膳食盐摄入量，以减少死于高血压、心血管疾病和中风的人数。从当前的每天摄入量 9 ~ 12 克减少到建议水平的低于 5 ~ 6 克，会对心血管健康产生重大的有益影响，同时在全球范围内节省大量的医疗成本。

酸碱体质，全是骗局

#酸中毒、血液、蚊子

2018 年 11 月初，一则新闻疯传，标题是《酸碱体质骗局，pH Miracle 作者遭罚 1 亿美元》[1]，报道内容节录如下：

> 本月初，加州圣地亚哥法庭判处《pH 值的奇迹》（pH Miracle）一书作者罗伯特·杨（Robert O. Young）必须缴纳 1.05 亿美元的罚款给一名癌症病患，该病患指控罗伯特·杨自诩为医生，建议她放弃化疗和传统治疗，转而去使用书中所谓的碱性疗法。
>
> 一年多前，他才因为无照行医被判入狱。他写过几本书，包括最畅销的《pH 值的奇迹》，讲述了"酸碱体质"的理论。这本书最早在 2002 年出版，并曾被翻译为多种语言。事实上，美国约翰霍普金斯大学就曾对"酸性体质是万病之源？"的说法进行过辟谣，反驳了这个说法，亦指出医院的正规治疗才是真正有效的癌症疗法。

◇正常体质恒为弱碱，与你吃的食物无关

其实，我对这则新闻可以说毫不意外，因为早在 2016 年 5 月，我就发表了一篇文章《碱回命》，驳斥标题为《活在碱性，死于酸性》的网络流言。更早的十几年前，同乡之间流传着使用检验体质酸碱度的试剂，以及互相告知要吃什么东西，才能使体质从酸变碱。我当时也告诉他们，体质哪有什么酸碱之分，但我不知道有没有人听进去。

事实上，网络上有关酸碱体质的谣言，多到会让人发狂，但辟谣的文章也还算容易找。只不过，让人不解的是，为什么还总是有人相信体质有酸碱之分。我把几篇较好的辟谣文章网址，放在附录 2，有兴趣的读者可自行点击阅读。如没时间，那看下面我节录的这三段话，也就够了：

"健康人正常血液的酸碱值介于 7.35 到 7.45 之间，属弱碱性；血液 pH 值若低于 7.35，即为"酸中毒"，代表身体调节功能出了问题，如肾脏疾病、慢性阻塞性肺病（COPD）等患者才会如此。反之，如果血液的 pH 值高于 7.45，则是"碱中毒"。酸碱中毒多由疾病导致，并非因为体液过酸或过碱导致疾病，不可能因为吃了一些酸性或是碱性食物而使血液的酸碱度改变。

"之所以如此，是因我们奥妙的身体有很多可以平衡酸碱功能的调节系统，当身体酸碱平衡改变时，血液、肾脏及呼吸系统这三大缓冲器就会出来进行调整，让身体处于酸碱平衡的状态。

"这三大缓冲器，可以把血液的 pH 值控制在 7.35 ~ 7.45 之间。所以，即使我们吃进酸性强的食物，也不会把血液变成酸性。也就是说，如果你的肾脏及肺脏功能正常，食物是酸性还是碱性都不会影响到身体的酸碱度。"

◇◇蚊子专咬"酸性体质"的真相

2017 年 4 月，好友问我："这次回台被蚊子叮得受不了，又被劝告蚊子专咬酸性体质的人，实在快疯掉了。能不能请你在网站澄清一下这个蚊子叮人跟体质的酸碱度实在是没有关系。谢谢啰！"

这位好友是台大校友，又是加州大学农学博士，学问和知识当然不在话下。但是，尽管高竿如斯，却还是逃不过被"酸性体质"逼得快疯掉了。没错，我曾说过："事实上，网络上有关酸碱体质的谣言，多到会让人发狂。只不过很可惜，看过我这篇文章的读者还不够多。"

再次强调，正统医学里没有什么酸性体质和碱性体质之分，也没有什么酸性食物或碱性食物。只要你的肾脏及肺脏功能正常，血液的酸碱度就会永远维持在7.35 ~ 7.45之间（不管你做了任何事情或吃任何食物）。例如，网络谣传"常吃芋头不得癌？芋头是碱性食品，让癌细胞根本没有生存的环境"这个谣言，我已经写过文章澄清。所谓的酸性体质、碱性体质、酸性食物、碱性食物，完全是不肖分子为了骗钱（卖书或营养品等）而编织出来的伪科学。

至于蚊子是否会专咬某些人，答案是"蚊子叮人的确是有选择性"。有非常多的网站，包括知名的医疗信息网站 WebMD 这么说[3]：一个人是否容易被叮，85% 是决定于遗传。但是，我找不到任何可以支持这一说法的研究报告。无论如何，可以确定的是，蚊子叮人的选择是靠嗅觉和视觉。嗅觉方面，蚊子是可以嗅出人的体味及呼吸（主要是二氧化碳）。而人的体味，主要是由基因（譬如 HLA 基因）决定，但也跟代谢率、运动、流汗、饮食和皮肤细菌的种类等有关。

代谢率高的人（譬如孕妇）较容易被叮，喝啤酒的人也较容易被叮。蚊子也喜欢汗水（含有乳酸、尿酸和氨）的味道。血型似乎也跟体味有关，有一篇

2004 年发表的研究论文[4]说，蚊子最喜欢降落在 O 型血的人身上，而 B 型血、AB 型血、A 型血，则按顺序排列。至于视觉，蚊子喜欢穿黑色，深蓝色或红色衣服的人。

以上所讲的都是目前科学研究所得到的资料。但是，在网络上可以看到很多人会以个人的经验而持不同的看法。例如，血型，很多人就说："我是 A 型血啊，为什么老是被叮？"所以，就做个参考吧。至少可以确定，蚊子专叮酸性体质的说法，是毫无科学根据的。

林教授的科学养生笔记

酸性体质、碱性体质、酸性食物、碱性食物，完全是不肖分子为了骗钱（卖书或营养品等）而编织出来的伪科学。

蚊子叮人的选择是靠嗅觉和视觉。嗅觉方面，蚊子是可以嗅出人的体味及呼吸（主要是二氧化碳）。而人的体味，主要是由基因（譬如 HLA 基因）决定，但也跟代谢率、运动、流汗、饮食和皮肤细菌的种类等有关。

资料来源

Part1
好食材，坏食材

椰子油，从来就没健康过

1.美国阿尔茨海默病协会网站：http://blog.alz.org/can-coconut-oil-treat-alzheimers/

英国阿尔茨海默病协会网站：https://www.alzheimers.org.uk/info/20074/alternative_therapies/119/coconut_oil

加拿大阿尔茨海默病协会网站：http://www.alzheimer.ca/en/About-dementia/Alzheimer-s-disease/Risk-factors/Coconut-oil

2. 2017年6月16号BBC新闻《椰子油跟牛脂肪和奶油一样不健康》（Coconut oil "as unhealthy as beef fat and butter"），https://www.bbc.com/news/health-40300145

3. 2017年6月16号《今日美国》《椰子油不健康。它从来就没健康过》（Coconut

oil isn't healthy. It's never been healthy），https://www.usatoday.com/story/news/nation-now/2017/06/16/coconut-oil-isnt-healthy-its-never-been-healthy/402719001/

4.《循环》期刊《膳食脂肪和心血管疾病：美国心脏协会会长的建言》（Dietary Fats and Cardiovascular Disease: A Presidential Advisory From the American Heart Association），https://www.ahajournals.org/doi/10.1161/CIR.0000000000000510

5. 2018 年 8 月 22 号联合新闻网《哈佛教授称椰子油是十足毒药》https://udn.com/news/story/6812/3324712

6. 迦纳大学 2016 年综述论文《椰子油和棕榈油的营养角色》（Coconut oil and palm oil's role in nutrition, health and national development: A review），https://www.ncbi.nlm.nih.gov/pubmed/?term=Coconut+oil+and+palm+oil%E2%80%99s+role+in+nutrition%2C+health+and+national+development

7. 2018 年 3 月剑桥大学临床研究报告《有关椰子油、橄榄油或奶油对于健康男女血脂和其他心血管疾病风险因素的随机测试》（trial of coconut oil, olive oil or butter on blood lipids and other cardiovascular risk factors in healthy men and women），https://www.ncbi.nlm.nih.gov/pubmed/29511019

茶的谣言，一次说清

1. 2014 年《茶与健康：关于现状的报告》（Tea and health – a review of the current state of knowledge），https://www.ncbi.nlm.nih.gov/pubmed/?term=TEA+AND+HEALTH+%E2%80%93+A+REVIEW+OF+THE+CURRENT+STATE+OF+KNOWLEDGE

2. 2017 年 5 月 11 号台湾华视新闻网《每天须喝水 2000 毫升，咖啡和茶不算》http://news.cts.com.tw/cts/life/201705/201705111866717.html#.W5XP4JMzYdW

3. 美国梅友诊所资料，https://www.mayoclinic.org/healthy-lifestyle/nutrition-and-healthy-eating/in-depth/water/art-20044256?p=1

4. 医疗信息网站 WebMD 资料, https://www.webmd.com/parenting/features/healthy-beverages#1

5. 美国国家科学工程和医学研究院数据, https://www.ncbi.nlm.nih.gov/pubmed/6784872

6. 1981年《消费茶叶：便秘的原因？》（Tea Consumption: a cause of constipation）. https://www.ncbi.nlm.nih.gov/pubmed/6784872

7. 2012 年《茶和咖啡的摄取对于沙特阿拉伯青少年维生素 D 和钙质吸收的关联》（Tea and coffee consumption in relation to vitamin D and calcium levels in Saudi adolescents）. https://www.ncbi.nlm.nih.gov/pubmed/22905922

8. 2013 年《骨质疏松的老鼠模型研究：红茶可能帮助停经后的钙质补充，从而防止骨质流失》（Black tea may be a prospective adjunct for calcium supplementation to prevent early menopausal bone loss in a rat model of osteoporosis）. https://www.ncbi.nlm.nih.gov/pubmed/23984184

9. 1990 年《绿茶对于缺铁性贫血老年病患铁质吸收的影响》（Effect of green tea on iron absorption in elderly patients with iron deficiency anemia）, https://www.ncbi.nlm.nih.gov/pubmed/2263011

10. 2007 年《饮用红茶、绿茶及花草茶与法国成人的铁质状态》（Consumption of black, green and herbal tea and iron status in French adults）, https://www.ncbi.nlm.nih.gov/pubmed/17299492

11. 2009 年论文《绿茶不会抑制铁的吸收》（Green tea does not inhibit iron absorption）, https://www.ncbi.nlm.nih.gov/pubmed/18160146

12. 2008 年论文《茶叶与茶汤成分的效用》（Element composition of tea leaves and tea infusions and its impact onhealth）. https://www.ncbi.nlm.nih.gov/pubmed/18309449

13. 2010 年，https://www.ncbi.nlm.nih.gov/pubmed/20514535

2011 年，https://www.ncbi.nlm.nih.gov/pubmed/23284558

2012 年，https://www.ncbi.nlm.nih.gov/pubmed/20889321；https://www.ncbi.nlm.nih.gov/pubmed/22342836

2015 年，https://www.ncbi.nlm.nih.gov/pubmed/25837382；https://www.ncbi.nlm.nih.gov/pubmed/26380240；https://www.ncbi.nlm.nih.gov/pubmed/26472100

14. 2016 年论文《市售茶自然生成的氟化物分析与每日茶摄取量预测》(Analysis of Naturally Occurring Fluoride in Commercial Teas and Estimation of Its Daily Intake through Tea Consumption). https://www.ncbi.nlm.nih.gov/pubmed/26647101

15. 2012 年论文《估计马图拉市售各类茶叶的茶汤氟浓度》（Estimation of fluoride concentration in tea infusions, prepared from different forms of tea）, commercially available in Mathura city. https://www.ncbi.nlm.nih.gov/pubmed/24478970

16. 台湾农委会"茶叶改良场"茶叶食品安全问答集，https://www.tres.gov.tw/htmlarea_file/web_articles/teais/1793/1040716-2.pdf

17. 财团法人全国认证基金会网站，http://www.taftw.org.tw

18. 台北市政府卫生局 2018 年 5 月茶叶及花草茶抽验结果，http://health.gov.taipei/Default.aspx?tabid=36&mid=442&itemid=42440

19. 香港政府的"食物安全中心"说明，https://www.cfs.gov.hk/english/whatsnew/whatsnew_fst/whatsnew_fst_Excessive_Pesticide_Residues_in_Tea_Products_in_Taiwan.html

20. 2017 年 2 月 27 号光明网报道"陈宗懋院士谈茶叶农药残留"，http://tech.gmw.cn/2017-02/27/content_23831947.htm

21. 2017 年 8 月 18 日《镜周刊》《茶叶有农药残留怎么办？专家教解毒法》https://www.mirrormedia.mg/story/20170818bus010/

鸡蛋，有好有坏

1. 科罗拉多大学教授罗伯·艾可（Robert Eckel）《蛋和之外：膳食胆固醇不再重要了吗？》（Eggs and beyond: is dietary cholesterol no longer important？）https://academic.oup.com/ajcn/article/102/2/235/4614547

2. 南澳大学教授彼得·克利夫顿（Peter Clifton）《膳食胆固醇是否会影响 2 型糖尿病患者的心血管疾病风险？》（Does dietary cholesterol influence cardiovascular disease risk in people with type 2 diabetes？）https://academic.oup.com/ajcn/article/101/4/691/4564564）

3. 芝加哥拉什大学教授金·威廉斯（Kim Williams）《2015 饮食指南咨询委员会关于膳食胆固醇的报告》（The 2015 Dietary Guidelines Advisory Committee Report Concerning Dietary Cholesterol），https://www.ajconline.org/article/S0002-9149（15）01782-8/abstract

4. 2017 年 4 月 25 号 CBS News 报道《肉和蛋中的营养物质可能在血栓、心脏病发作风险中起作用》https://www.cbsnews.com/news/nutrient-choline-eggs-meat-linked-to-blood-clotting-heart-disease/

5. 2017 年 4 月《循环》论文《由肠道微生物从膳食胆碱产生的三甲胺 N- 氧化物会促进血栓形成》（Gut Microbe-Generated Trimethylamine N-Oxide From Dietary Choline Is Prothrombotic in Subjects），http://circ.ahajournals.org/content/135/17/1671

食用牛奶致病的真相

1. "牛奶过敏原食物表"参考网站，http://www.webmd.com/allergies/guide/milk-allergy，https://www.foodallergy.org/allergens/milk-allergy

2. 华特·威力关于牛奶的论文，Milk consumption during teenage years and risk of hip fractures in older adults，https://www.ncbi.nlm.nih.gov/pubmed/24247817；Milk

intake and risk of hip fracture in men and women: a meta-analysis of prospective cohort studies，https://www.ncbi.nlm.nih.gov/pubmed/20949604

3.马克·海曼《牛奶对你的健康有危害》（Milk Is Dangerous for Your Health），https://drhyman.com/blog/2013/10/28/milk-dangerous-health/

4.马克·海曼《奶制品：六个你需要全力避开的理由》（Dairy: 6 Reasons You Should Avoid It at all Costs），https://drhyman.com/blog/2010/06/24/dairy-6-reasons-you-should-avoid-it-at-all-costs-2/

5.责任医疗医师委员会（PCRM）关于牛奶的文章，https://www.pcrm.org/search?keys=milk

6."顶级科学期刊斥责哈佛首席营养学家" Top Science Journal Rebukes Harvard's Top Nutritionist，https://www.forbes.com/sites/trevorbutterworth/2013/05/27/top-science-journal-rebukes-harvards-top-nutritionist/#76c86489173b

还味精一个清白

1. FDA的味精问答集，Questions and Answers on Monosodium glutamate （MSG）https://www.fda.gov/Food/IngredientsPackagingLabeling/FoodAdditivesIngredients/ucm328728.htm

2.《全身性味精对于头痛和颅周肌肉敏感的影响》【Effect of systemic monosodium glutamate （MSG）on headache and pericranial muscle sensitivity】. https://www.ncbi.nlm.nih.gov/pubmed/?term=Effect+of+systemic+monosodium+glutamate+%28MSG%29+on+headache+and+pericranial+muscle+sensitivity

3.《肥胖的妇女对于味精敏感度较低，而且跟正常体重的妇女相比，显著地喜好汤里有较高浓度的味精》（Obese women have lower monosodium glutamate taste sensitivity and prefer higher concentrations than do normal-weight women），https://www.

ncbi.nlm.nih.gov/pubmed/20075854

4. 2009年9月《味精的膳食补充可否改善老年饮食健康？》（Can dietary supplementation of monosodium glutamate improve the health of the elderly?），https://www.ncbi.nlm.nih.gov/pubmed/19571225

5. 2016 年 1 月 8 号 "为何味精的名声不好？错误的科学与排外主义"（How MSG Got A Bad Rap: Flawed Science And Xenophobia），https://fivethirtyeight.com/features/how-msg-got-a-bad-rap-flawed-science-and-xenophobia/

代糖对健康有害无益

1. 2017年4月3日美国内分泌协会论文《低卡糖精提升人类脂肪累积》（Low-calorie sweeteners promote fat accumulation in human fat），https://www.endocrine.org/news-room/current-press-releases/low-calorie-sweeteners-promote-fat-accumulation-in-human-fat

2. 2017 年《糖和人工增甜饮料和肥胖关联：系统性研究与后设分析》（Sugar and artificially sweetened beverages linked to obesity: a systematic review and meta-analysis），https://www.ncbi.nlm.nih.gov/pubmed/28402535

3.《食用人工和糖甜味剂饮料与二型糖尿病之关系》（Consumption of artificially and sugar-sweetened beverages and incident type 2 diabetes in the Etude Epidemiologique aupres des femmes de la Mutuelle Generale de l'Education Nationale-European Prospective Investigation into Cancer and Nutrition cohort.），https://www.ncbi.nlm.nih.gov/pubmed/23364017

4. 2017 年 2 月，Chronic Consumption of Artificial Sweetener in Packets or Tablets and Type 2 Diabetes Risk: Evidence from the E3N-European Prospective Investigation into Cancer and Nutrition Study. https://www.ncbi.nlm.nih.gov/pubmed/28214853

红肉白肉说分明

1. 2018 年 2 月元气网《原来鱼类也有红肉白肉的分别！与它们的生存环境有关》，https://health.udn.com/health/story/6037/2971093

2. 莫尼卡·赖纳格，2013 年 1 月《颜色混淆：识别红肉和白肉》

（Color Confusion: Identifying Red Meat and White Meat），https://foodandnutrition.org/january–february–2013/color–confusion–identifying–red–meat–white–meat/

常见的有机疑惑

1. 美国农业部 2016 年 3 月发表的法规，有关"允许使用在有机农作物生产的合成物"，https://www.ecfr.gov/cgi–bin/text–idx?c=ecfr&SID=06b088e611c5f18a4d02ca9945a1c3dd&rgn=div8&view=text&node=7:3.1.1.9.32.7.354.2&idno=7

2. 美国的加州农药管理局 2013 年的调查报告：83% 在加州农贸集市贩卖的产品被验出有杀虫剂，http://naturallysavvy.com/eat/investigation–finds–pesticides–on–83–percent–of–california–farmers–market–produce

3. 现代农场网站《铲除农贸集市欺诈》，https://modernfarmer.com/2014/10/curious–case–farmers–market–fraud/

4. 2015 年 5 月，旧金山五号电视台《谨防农贸集市的欺骗——他们卖的不是他们种的》，https://sanfrancisco.cbslocal.com/2015/05/16/beware–of–produce–cheats–at–farmers–markets–they–dont–grow–what–they–sell/

5. 2015 年 6 月，丰收羊角"Whole Foods 超市面对联邦贸易委员会不当标签的调查"https://www.cornucopia.org/2015/06/whole–foods–faces–ftc–mislabeling–investigation/

6. 2015 年 7 月，亚特兰大二号电视台《您的"有机"食品未必真的是有机》https://www.wsbtv.com/news/local/2–investigates–your–organic–food–may–not–really–be_

nmx2h/33400858

蔬果农药清洗方法

1. 2003年《只用清水洗水果或加上Fit洗涤剂来减少农药残留》（Reduction of Pesticide Residues of Fruit Using Water Only or Plus Fit™ Fruit and Vegetable Wash），https://link.springer.com/article/10.1007%2Fs00128-002-0179-2

2. 2007年《家用品对于洗去高丽菜农药残留的效果》（Effects of home preparation on pesticide residues in cabbage），https://www.sciencedirect.com/science/article/pii/S0956713506002696

3. 2017年《市售和自制清洁剂对于去除苹果里外农药残留的效果》（Effectiveness of Commercial and Homemade Washing Agents in Removing Pesticide Residues on and in Apples），https://www.ncbi.nlm.nih.gov/pubmed/29067814

4. 康涅狄格州农业实验站《从农产品去除微量农药残留》（Removal of Trace Pesticide Residues from Produce），https://www.ct.gov/caes/cwp/view.asp?a=2815&q=376676

5. 美国国家农药信息中心《如何清洗蔬果中的农药》（How can I wash pesticides from fruit and veggies?），http://npic.orst.edu/capro/fruitwash.html

6. FDA《清洗蔬菜水果的7个妙招》（7 Tips for Cleaning Fruits, Vegetables），https://www.fda.gov/ForConsumers/ConsumerUpdates/ucm256215.htm

7. 科罗拉州州立大学《清洗新鲜农产品指南》（Guide to Washing Fresh Produce），https://extension.colostate.edu/docs/pubs/foodnut/09380.pdf

冷冻蔬果的营养评估

1. 元气网文章《新鲜农产品真的新鲜吗？其实冷冻蔬菜可能更营养》，https://health.udn.com/health/story/6037/2850130

2. 阿代尔·卡德教授 1999 年文章《水果熟成、腐烂与质量的关系》（FRUIT MATURITY, RIPENING, AND QUALITY RELATIONSHIPS），https://www.actahort.org/books/485/485_27.htm

3. 2014 年《各种罐装、冷冻和新鲜蔬果的营养和价格比较》（Nutrition and Cost Comparisons of Select Canned, Frozen, and Fresh Fruits and Vegetables），hjournals.sagepub.com/doi/abs/10.1177/1559827614522942

2007 年《罐装、冷冻和新鲜蔬果的营养比较。第一部分：维生素 C、B 和酚化合物》（Nutritional comparison of fresh, frozen and canned fruits and vegetables. Part 1. Vitamins C and Band phenolic compounds），http://ucce.ucdavis.edu/files/datastore/234-779.pdf

2002 年《新鲜、冷冻、瓶装和罐装蔬菜的抗氧化剂活性和组成》（The antioxidant activity and composition of fresh, frozen, jarred and canned vegetables），www.sciencedirect.com/science/article/pii/S1466856402000486

转基因食品的安全性

1. 世界卫生组织关于转基因食品的说明，http://www.who.int/foodsafety/areas_work/food-technology/faq-genetically-modified-food/en/

2.《转基因食品是否较不营养？》（Are GMO Foods Less Nutritious?），https://www.bestfoodfacts.org/gmo-nutrition/

3.《反转基因教父马克·利那斯（Mark Lynas）说网络酸民改变了他的想法》，https://www.cantechletter.com/2015/06/anti-gmo-founding-father-mark-lynas-says-internet-trolls-changed-his-mind/

4. 马克·利那斯 2013 年 1 月的牛津农业会议演讲影片，https://www.youtube.com/watch?v=vf86QYf4Suo

5.《我为何转为支持转基因食物》（How I Got Converted to G.M.O. Food），https://www.nytimes.com/2015/04/25/opinion/sunday/how-i-got-converted-to-gmo-food.html

6. 2015 年 7 月 17 号 The Splendid Table 报道《马克·利那斯曾经破坏转基因作物试验，现在他支持转基因食物，他解释为什么》（Mark Lynas once vandalized GMO crop trials. Now he's pro-GMO food. He explains why），https://www.splendidtable.org/story/mark-lynas-once-vandalized-gmo-crop-trials-now-hes-pro-gmo-food-he-explains-why

7. 2012 年 12 月哈芬登邮报（The Huffpost）《前七大转基因作物排名》（Top 7 Genetically Modified Crops），https://www.huffingtonpost.com/margie-kelly/genetically-modified-food_b_2039455.html

8.《浑沌文茜世界》全文链接，https://professorlin.com/2017/08/01/%E6%B8%BE%E6%B2%8C%E6%96%87%E8%8C%9C%E4%B8%96%E7%95%8C/

9.美国农业部的文件链接，https://www.aphis.usda.gov/stakeholders/downloads/2015/coexistence/Ruth-MacDonald.pdf

瘦肉精争议，不是食品安全问题

1.《小英政府该如何面对瘦肉精美猪？——专访苏伟硕医师（上）》https://enews.url.com.tw/cultivator/83761

2. "认识瘦肉精" 赖秀穗，台湾大学兽医专业学院名誉教授，www.fda.gov.tw/TC/siteListContent.aspx?sid=2715&id=5696&chk=25f93e4e-4936-455e-aa2f-a5bf71bf9388）

3.《苹果日报》2011年1月19号，赖秀穗《不要把瘦肉精政治化》，https://tw.appledaily.com/forum/daily/20110119/33123509/

红凤菜有毒传言

1.中国科学院植物研究所2017年1月21日研究调查报告， https://onlinelibrary.wiley.com/doi/abs/10.1002/cbdv.201600221

2. 2015年长庚大学红凤菜报告https://www.sciencedirect.com/science/article/pii/S1021949815000186

3.台湾癌症基金会"红凤菜"文章https://www.canceraway.org.tw/page.asp?IDno=1420

4.香港的食物安全中心2017年1月，风险评估研究第56号报告书《食物中的吡咯里西啶类生物碱》https://www.cfs.gov.hk/tc_chi/programme/programme_rafs/files/PA_Executive_Summary_c.pdf

铝制餐具和含铅酒杯的安全性

1. 美国卫生部2008年《铝的毒性研究》（Toxicological Profile of Aluminum）https://www.atsdr.cdc.gov/toxprofiles/tp22.pdf

2.2014年论文《铝和其对阿兹海默的潜在影响》【Aluminum and its potential contribution to Alzheimer's disease （AD）】，https://www.ncbi.nlm.nih.gov/pubmed/24782759

3. 2014年论文《铝的假说已经死亡？》（Is the Aluminum Hypothesis dead?），https://www.ncbi.nlm.nih.gov/pubmed/24806729

4. 阿尔茨海默病协会："铝罐饮料或铝锅烹煮会引发阿尔茨海默病"是疑惑，https://www.alz.org/alzheimers-dementia/what-is-alzheimers/myths

5. 1972年《由于鸡尾酒杯引起的一家人铅中毒》（Lead poisoning in a family due to cocktail glasses），https://www.ncbi.nlm.nih.gov/pubmed/4622146

6. 1976年《鸡尾酒杯引起的铅中毒：对两位患者所做的观察》（Lead poisoning from cocktail glasses. Observations on two patients），https://www.ncbi.nlm.nih.gov/pubmed/1036519

7. 1977年《鸡尾酒杯引起的铅中毒》（Lead poisoning from cocktail glasses），https://www.ncbi.nlm.nih.gov/pubmed/576919

8. 1991年《来自含铅水晶的铅接触》（Lead exposure from lead crystal），https://www.ncbi.nlm.nih.gov/pubmed/1670790

9. 1996年《来自含铅水晶酒杯的铅游离》（Lead migration from lead crystal wine glasses），https://www.ncbi.nlm.nih.gov/pubmed/8885316

Part2
补充剂的骇人真相

维生素补充剂的真相（上）

1.美国毒物控制中心（AMERICAN ASSOCIATION OF POISON CONTROL CENTERS，AAPCC）年度报告，https://aapcc.org/annual-reports/

2.《维生素的毒性》Vitamin Toxicity，http://medical-dictionary.thefreedictionary.com/Vitamin+Toxicity

3.2012年《抗氧化剂补充剂用于健康民众和有病民众死亡之预防》（Antioxidant supplements for prevention of mortality in healthy participants and patients with various diseases），https://www.ncbi.nlm.nih.gov/pubmed/22419320

4. 2011年4月13号，《天下杂志》444期《你真的需要吃维生素吗？》，https://www.cw.com.tw/article/article.action?id=5000458

5. 2016年2月15，董氏基金会《维生素补过头，恐增罹癌风险》，https://nutri.jtf.org.tw/index.php?idd=10&aid=2&bid=33&cid=2981

6. 2018年6月研究论文《维生素和矿物质补充剂用于心血管疾病之预防和治疗》（Supplemental Vitamins and Minerals for CVD Prevention and Treatment），http://www.onlinejacc.org/content/71/22/2570

7. 2014年2月，台湾"环境信息中心"《食管局没定义，美食品狂打天然》，https://e-info.org.tw/node/97255

8. 维生素B$_{12}$的种类，请参考https://www.b12-vitamin.com/types/

9. 哈佛医学院《维生素的最佳来源？你的盘子，不是你的药柜》（Best source of vitamins? Your plate, not your medicine cabinet），https://www.health.harvard.edu/staying-healthy/best-source-of-vitamins-your-plate-not-your-medicine-cabinet

10. 历年来发现维生素补充剂会提高死亡率的五篇论文：

2000年：Multivitamin use and mortality in a large prospective study，www.ncbi.nlm.nih.gov/pubmed/10909952

2005年：Meta-analysis: high-dosage vitamin E supplementation may increase all-cause mortality，www.ncbi.nlm.nih.gov/pubmed/15537682

2007年：Mortality in randomized trials of antioxidant supplements for primary and secondary prevention: systematic review and meta-analysis，www.ncbi.nlm.nih.gov/pubmed/17327526

2011年：Dietary supplements and mortality rate in older women: the Iowa Women's Health Study，www.ncbi.nlm.nih.gov/pubmed/21987192

2014年：Antioxidant supplements and mortality，www.ncbi.nlm.nih.gov/pubmed/24241129

维生素补充剂的真相（下）

1. 2018年2月，美国医学会期刊（JAMA）《维生素和矿物质补充剂：医生需要知道的事》（Vitamin and Mineral Supplements：What Clinicians Need to Know），https://jamanetwork.com/journals/jama/article-abstract/2672264?utm_source=silverchair&utm_campaign=jama_network&utm_content=weekly_highlights&cmp=1&utm_medium=email

维生素D，争议最大的"维生素"

1. 2010年JAMA报告指出，高剂量的维生素D会增加骨折的风险，https://jamanetwork.com/journals/jama/fullarticle/185854

2. 两篇指出维生素D不会减少骨折风险的报告

2007年12月：https://www.ncbi.nlm.nih.gov/pubmed/17998225

2010年7月：https://www.ncbi.nlm.nih.gov/pubmed/20200964

3. https://www.ncbi.nlm.nih.gov/pmc/articles/PMC1994178/

4. 1989年5月报告《阳光会用光分解来控制皮肤里维生素D_3的产生，过多的维生素D会被阳光分解》（Sunlight regulates the cutaneous production of vitamin D3 by causing its photodegradation）. https://www.ncbi.nlm.nih.gov/pubmed/?term=Webb+AR%2C+DeCosta+BR%2C+Holick+MF

5. 1993年论文《维生素D受体在一种自然缺维生素D的地下哺乳类，裸鼹鼠：生化定性》【Vitamin D receptors in a naturally vitamin D-deficient subterranean mammal, the naked mole rat（Heterocephalus glaber）：biochemical characterization】，

https://www.ncbi.nlm.nih.gov/pubmed/8224760

6. 1995年论文《裸鼹鼠维生素D_3中毒导致过度钙化及牙齿钙沉淀及不正常皮肤钙化》，【Vitamin D3 intoxication in naked mole-rats（Heterocephalus glaber）leads to hypercalcaemia and increased calcium deposition in teeth with evidence of abnormal skin calcification】，https://www.ncbi.nlm.nih.gov/pubmed/7657155

酵素谎言何其多

1. 2017年8月17号《自由时报》《菠萝酵素可抗发炎，食药署：吃菠萝效果有限》，http://news.ltn.com.tw/news/life/breakingnews/2165974

2. 保罗·摩根（Paul Moughan），2014年论文《成年人的健康肠道是否可以吸收完整的胜肽》（Are intact peptides absorbed from the healthy gut in the adult human?），https://www.ncbi.nlm.nih.gov/pubmed/25623084

3. 波·阿图桑（Per Artursson）2016年论文《胜肽的口腔吸收和通过人类肠道的纳米分子：人体组织的机会、限制和研究》（Oral absorption of peptides and nanoparticles across the human intestine: Opportunities, limitations and studies in human tissues），https://www.sciencedirect.com/science/article/pii/S0169409X16302277

抗氧化剂与自由基的争议未解

1. 2007年《抗氧化剂补充剂对预防初级与次级死亡风险的随机实验：系统性报告与后设分析》，（Mortality in randomized trials of antioxidant supplements for primary and secondary prevention: systematic review and meta-analysis），https://www.ncbi.nlm.nih.gov/pubmed/17327526

2. 2012年《抗氧化剂补充剂用于健康民众和有病民众死亡之预防》Antioxidant supplements for prevention of mortality in healthy participants and patients with various

diseases，https://www.ncbi.nlm.nih.gov/pubmed/22419320

3. 2013年2月《科学美国人》《自由基老化理论是否已死》（Is the Free-Radical Theory of Aging Dead？）https://www.scientificamerican.com/article/is-free-radical-theory-of-aging-dead/

益生菌的吹捧与现实

1. 2017年的益生菌论文，Effects of Probiotics, Prebiotics, and Synbiotics on Human Health，https://www.mdpi.com/2072-6643/9/9/1021/htm

2. 2001《益生菌对异位性皮肤炎之初级预防：随机安慰剂测试》（Probiotics in primary prevention of atopic disease: a randomised placebo-controlled trial），https://www.ncbi.nlm.nih.gov/pubmed/11297958

3. 2007年《生命最初7年内的益生菌：随机安慰剂对照试验中湿疹的累积风险降低》（Probiotics during the first 7 years of life: A cumulative risk reduction of eczema in a randomized, placebo-controlled trial），https://www.jacionline.org/article/S0091-6749（06）03800-0/fulltext

4. 两篇最新的益生菌综述论文

2018年《益生菌：预防过敏的角色，是疑惑或真相》（Probiotics: Myths or facts about their role in allergy prevention），http://www.advances.umed.wroc.pl/pdf/2018/27/1/119.pdf

2017年《益生菌预防哮喘与过敏》（Probiotics in Asthma and Allergy Prevention），https://www.ncbi.nlm.nih.gov/pubmed/28824889

5. NHK医疗新知纪录片《人体》的第四集，影片链接：https://www.bilibili.com/video/av21259190

6. 2017年12月《人类微生物群系：机会还是炒作？》（The human microbiome:

opportunity or hype?），https://www.nature.com/articles/nrd.2017.154

7. 2018年9月6号，《细胞》期刊《个人化肠道黏膜定植对经验益生菌的抗性与独特的宿主和微生物群特征相关联》（Personalized Gut Mucosal Colonization Resistance to Empiric Probiotics Is Associated with Unique Host and Microbiome Features），https://www.cell.com/cell/fulltext/S0092-8674（18）31102-4

8. 2018年9月6号，《细胞》期刊《使用抗生素后肠黏膜微生物重建受到益生菌破坏但受到自体粪便微生物移植改善》（Post-Antibiotic Gut Mucosal Microbiome Reconstitution Is Impaired by Probiotics and Improved by Autologous FMT），https://www.cell.com/cell/fulltext/S0092-8674（18）31108-5

戳破胜肽的神话

1. "苹果仁" 2017年5月11号《你不懂的内容农场》https://applealmond.com/posts/5115

"苹果仁" 2017年10月23号《为什么Google允许壹读与每日头条霸占搜寻结果？》https://applealmond.com/posts/15406

2. FDA《它真的是FDA批准的？》（Is It Really "FDA Approved?"）https://www.fda.gov/ForConsumers/ConsumerUpdates/ucm047470.htm

3. 康扁丸事件的来龙去脉，可以参考我的网站文章。https://professorlin.com/2017/11/24/%E6%89%81%E5%BA%B7%E4%B8%B8%EF%BC%8C%E6%B2%BB%E7%99%82%E5%91%BC%E5%90%B8%E7%97%85%EF%BC%9F/

鱼油补充剂的最新研究

1. 2018年5月8号JAMA《鱼油补充剂的棺材再添一根钉》（Another Nail in the Coffin for Fish Oil Supplements），https://jamanetwork.com/journals/jama/article-

abstract/2679051?utm_source=silverchair&utm_medium=email&utm_campaign=article_alert–jama&utm_content=etoc&utm_term=050818

2. 2018年3月的《JAMA心脏学》（JAMA Cardiology）《Omega–3脂肪酸补充剂与心血管疾病风险的关联：涵盖77917人的十项试验的荟萃分析》（Associations of Omega–3 Fatty Acid Supplement Use With Cardiovascular Disease Risks: Meta–analysis of 10 Trials Involving 77917 Individuals），https://www.ncbi.nlm.nih.gov/pubmed/29387889

3. 2012年论文《Omega–3脂肪酸补充与主要心血管疾病事件风险之间的关联》（Association Between Omega–3 Fatty Acid Supplementation and Risk of Major Cardiovascular Disease Events），https://jamanetwork.com/journals/jama/article–abstract/1357266?utm_campaign=articlePDF%26utm_medium%3darticlePDFlink%26utm_source%3darticlePDF%26utm_content%3djama.2018.2498&redirect=true

4. 2012年论文《Omega–3脂肪酸补充剂（二十碳五烯酸和二十二碳六烯酸）在心血管疾病二级预防中的功效：随机、双盲、安慰剂对照试验的荟萃分析》（Efficacy of Omega–3 Fatty Acid Supplements（Eicosapentaenoic Acid and Docosahexaenoic Acid）in the Secondary Prevention of Cardiovascular Disease：A Meta–analysis of Randomized, Double–blind, Placebo–Controlled Trials），https://jamanetwork.com/journals/jamainternalmedicine/fullarticle/1151420/?utm_campaign=articlePDF%26utm_medium%3DarticlePDFlink%26utm_source%3DarticlePDF%26utm_content%3Djama.2018.2498

5. 2016年《Omega–3脂肪酸和心血管疾病：更新的系统性评价》（Omega–3 Fatty Acids and Cardiovascular Disease: An Updated Systematic Review），https://effectivehealthcare.ahrq.gov/topics/fatty–acids–cardiovascular–disease/research/

6. 美国FDA海鲜类含汞量的表格，https://www.fda.gov/Food/

FoodborneIllnessContaminants/Metals/ucm115644.htm

7.《常见海鲜的Omega-3含量》（Omega-3 Content of Frequently Consumed Seafood Products），https://www.seafoodhealthfacts.org/seafood-nutrition/healthcare-professionals/omega-3-content-frequently-consumed-seafood-products

胶原蛋白之疑惑

1. 元气网《木耳没有胶原蛋白，别再傻傻分不清》，https://health.udn.com/health/story/6037/3063218

2.《来自植物的胶原蛋白替代品》（Collagen alternatives from plants），http://www.fai185.com/uploads/page/Plant%20Collagen.pdf

3.《在植物里制造的人类胶原蛋白》（Human collagen produced in plants），https://www.ncbi.nlm.nih.gov/pmc/articles/PMC4008466/pdf/bbug-5-49.pdf

4. 2018年3月7日苹果日报"去年食品广告违规王是你，'南极冰洋磷虾油'遭罚71次"https://tw.news.appledaily.com/life/realtime/20180307/1309836/

5. WebMD表示二型胶原蛋白的疗效是未被证实的。https://www.webmd.com/vitamins/ai/ingredientmono-714/collagen-type-ii

维骨力，有效吗？

1. 2006年《新英格兰医学期刊》（New England Journal of Medicine）《葡萄糖胺、软骨素硫酸盐，以及两种合并用于膝关节疼痛》（Glucosamine, Chondroitin Sulfate, and the Two in Combination for Painful Knee Osteoarthritis），https://www.nejm.org/doi/full/10.1056/NEJMoa052771

2. 2017年《葡萄糖胺对关节炎有效吗？》（Is glucosamine effective for osteoarthritis?），https://www.ncbi.nlm.nih.gov/pubmed/28306711

3. 2017年《亚组分析口服葡萄糖胺用于膝关节炎和髋关节炎的有效性：来自OA试验库的系统评价和个体患者数据荟萃分析》（Subgroup analyses of the effectiveness of oral glucosamine for knee and hip osteoarthritis: a systematic review and individual patient data meta-analysis from the OA trial bank），https://www.ncbi.nlm.nih.gov/pubmed/28754801

4. 维骨力厂商声明稿，http://www.gutco.com.tw/news20180606.aspx

5. 2018年1月8号《自由时报》，http://news.ltn.com.tw/news/focus/paper/1166858

6. 2017年临床报告《硫酸盐软骨素及硫酸盐葡萄糖胺合用于减少膝关节炎患者之疼痛和功能障碍，显示没有好过安慰剂：六个月的多中心、随机、双盲、安慰剂对照临床试验》（Combined Treatment With Chondroitin Sulfate and Glucosamine Sulfate Shows No Superiority Over Placebo for Reduction of Joint Pain and Functional Impairment in Patients With Knee Osteoarthritis: A Six-Month Multicenter, Randomized, Double-Blind, Placebo-Controlled Clinical Trial），https://www.ncbi.nlm.nih.gov/pubmed/27477804

7.《美国风湿病学会2012年关于手、髋和膝关节炎中使用非药物和药理学治疗的建议》（American College of Rheumatology 2012 Recommendations for the Use of Nonpharmacologic and Pharmacologic Therapies in Osteoarthritis of the Hand, Hip, and Knee），http://mqic.org/pdf/2012_ACR_OA_Guidelines_FINAL.PDF

Part3
重大疾病谣言释疑

咖啡不会致癌，而是抗癌

1. CERT公司的联络数据与"梅格法律集团"相同：401 E Ocean Blvd., Ste. 800, Long Beach, California 90802-4967，1-877-TOX-TORT

2. 2017年10月25号《彭博新闻》的报道，https://www.bloomberg.com/news/articles/2017-10-25/starbucks-is-in-hot-water-over-california-s-toxic-warning-law

3. 2017年论文《在癌症预防研究-II中咖啡饮用与癌症死亡率的关系》（Associations of Coffee Drinking and Cancer Mortality in the Cancer Prevention Study-II），https://www.ncbi.nlm.nih.gov/pubmed/28751477

4. 2017年论文《喝咖啡与所有部位癌症发病率和死亡率之间的关联》（Association between coffee consumption and all-sites cancer incidence and mortality），https://www.ncbi.nlm.nih.gov/pubmed/28746796

地瓜抗癌，纯属虚构

1. 2017年10月《地瓜是抗癌食物吗？》（Are Sweet Potatoes an Anti-Cancer Food?），波尼·欣格登（Bonnie Singleton）https://healthfully.com/476373-are-sweet-potatoes-an-anti-cancer-food.html

2. 2015年11月，麦可·克雷格（Michael Greger）《地瓜蛋白质V.S.癌症》（Sweet Potato Proteins vs. Cancer），https://nutritionfacts.org/2015/11/19/sweet-potato-proteins-vs-cancer/

3. 麦可·克雷格所受的批评：

https://www.mcgill.ca/oss/article/news/dr-michael-greger-what-do-we-make-him

https://www.healthline.com/nutrition/how-not-to-die-review

https://sciencebasedmedicine.org/death-as-a-foodborne-illness-curable-by-veganism/

4.《地瓜的惊人抗癌功效》（The Shocking Anti-Cancer Effect of Sweet Potatoes），赛勒斯·卡巴塔（Cyrus Khambatta），https://www.mangomannutrition.com/the-shocking-anti-cancer-effect-of-sweet-potatoes/

5. 地瓜营养价值的参考文章：

2000年：Nutritive evaluation on chemical components of leaves, stalks and stems of sweet potatoes（Ipomoea batatas poir），https://www.sciencedirect.com/science/article/pii/S030881469900206X

2005年：Beta-carotene-rich orange-fleshed sweet potato improves the vitamin A status of primary school children assessed with the modified-relative-dose-response test，https://www.ncbi.nlm.nih.gov/pubmed/15883432

2007年：Sweet Potato: A Review of its Past, Present, and Future Role in Human Nutrition，https://www.ncbi.nlm.nih.gov/pubmed/17425943

2007年：Antioxidant activities, phenolic and β-carotene contents of sweet potato genotypes with varying flesh colours，https://www.sciencedirect.com/science/article/pii/S0308814606007564

2010年：Composition and physicochemical properties of dietary fiber extracted from residues of 10 varieties of sweet potato by a sieving method，https://www.ncbi.nlm.nih.gov/pubmed/20509611

2014年：Sweet potato（Ipomoea batatas [L.] Lam）--a valuable medicinal food: a review，https://www.ncbi.nlm.nih.gov/pubmed/24921903

微波食物致癌疑惑

1.《你该丢掉微波炉的十个理由》（10 Reasons to Toss Your Microwave），https://www.health-science.com/microwave-hazards/

2.1981年《煎锅烧烤和微波放射牛肉产生致突变物的比较》，https://www.ncbi.nlm.nih.gov/pubmed/7030472

3.1985年《微波烹调／复热对营养素和食物系统的影响：近期研究总览》（Effects of microwave cooking/reheating on nutrients and food systems: a review of recent studies），https://www.ncbi.nlm.nih.gov/pubmed/3894486

4.1994年《微波预处理对牛肉饼中杂环芳香胺前体致突变物／致癌物质的影响》（Effect of microwave pretreatment on heterocyclic aromatic amine mutagens/carcinogens in fried beef patties），https://www.ncbi.nlm.nih.gov/pubmed/7959444

5.1998年《牛奶中的游离氨基酸浓度：微波加热与传统加热法的效果》（Free amino acid concentrations in milk: effects of microwave versus conventional heating），https://www.ncbi.nlm.nih.gov/pubmed/9891762

6.2001年《连续微波加热和传统高温加热后牛奶中的维生素 B_1 和维生素 B_6 保留》（Vitamin B_1 and B_6 retention in milk after continuous-flow microwave and conventional heating at high temperatures），https://www.ncbi.nlm.nih.gov/pubmed/11403146

7.2002年《用传统方法和微波烹调料理鲱鱼，对于总脂肪酸中n-3多不饱和脂肪酸（PUFA）的成分效果比较》（Comparison of the effects of microwave cooking and conventional cooking methods on the composition of fatty acids and fat quality indicators in herring），https://www.ncbi.nlm.nih.gov/pubmed/12577584

8.2004年《微波料理和压力锅料理对于蔬菜质量的影响》（Nutritional quality

of microwave-cooked and pressure-cooked legumes），https://www.ncbi.nlm.nih.gov/pubmed/15762308

9. 2013年《两种液态食物经由微波烹调和传统加热法后，没有发现显著差别》（No Major Differences Found between the Effects of Microwave-Based and Conventional Heat Treatment Methods on Two Different Liquid Foods），https://www.ncbi.nlm.nih.gov/pmc/articles/PMC3547058/

常见致癌食材谣言

1. 2016年，热饮致癌原始论文，Carcinogenicity of drinking coffee, mate, and very hot beverages，https://www.thelancet.com/journals/lanonc/article/PIIS1470-2045（16）30239-X/fulltext

2. 2003年，热饮致癌大白鼠实验，Promotion effects of hot water on N-nitrosomethylbenzylamine-induced esophageal tumorigenesis in F344 rats. https://www.ncbi.nlm.nih.gov/pubmed/12579283

3. 2016年，热饮致癌小白鼠实验，Recurrent acute thermal lesion induces esophageal hyperproliferative premalignant lesions in mice esophagus. https://www.ncbi.nlm.nih.gov/pubmed/26899552

4. 2015年11月9号《苹果日报》《一颗番石榴，分解18根香肠毒素。真强！富含维生素C清除亚硝酸盐》，https://tw.appledaily.com/headline/daily/20151109/36889352/

5. 英国食品标准局（FSA）发布的消息，https://www.food.gov.uk/safety-hygiene/acrylamide

浅谈免疫系统与癌症免疫疗法

1. 哈佛医学院电子报《健康饮食：通往新营养的指南》（Healthy Eating: A guide to the new nutrition），https://www.health.harvard.edu/nutrition/healthy-eating-a-guide-to-the-new-nutrition

阿尔茨海默病的预防和疗法（上）

1. 2015年8月《身体姿势对脑淋巴运输的影响》（The Effect of Body Posture on Brain Glymphatic Transport），http://www.jneurosci.org/content/35/31/11034.short

2. 2015年10月4号，石溪大学《睡觉姿势会影响脑部如何清除废物吗？》（Could Body Posture During Sleep Affect How Your Brain Clears Waste?），https://news.stonybrook.edu/news/general/150804sleeping

3. 2014年12月《神经学》医学期刊，https://www.ncbi.nlm.nih.gov/pubmed/25391305

4. 2018年1月，《内科学年鉴》《用运动来预防认知功能衰退和阿尔茨海默型痴呆》（Physical Activity Interventions in Preventing Cognitive Decline and Alzheimer-Type Dementia: A Systematic Review），http://annals.org/aim/article-abstract/2666417/physical-activity-interventions-preventing-cognitive-decline-alzheimer-type-dementia-systematic

5. 2018年1月，《内科学年鉴》《用药物来预防认知功能衰退，轻度认知功能障碍和临床阿尔茨海默型痴呆》（Pharmacologic Interventions to Prevent Cognitive Decline, Mild Cognitive Impairment, and Clinical Alzheimer-Type Dementia: A Systematic Review），http://annals.org/aim/article-abstract/2666418/pharmacologic-interventions-prevent-cognitive-decline-mild-cognitive-impairment-clinical-alzheimer

6. 2018年1月，《内科学年鉴》《用非处方补充剂来预防认知功能衰退，轻度认知功能障碍和临床阿尔茨海默型痴呆》（Over-the-Counter Supplement Interventions to Prevent Cognitive Decline, Mild Cognitive Impairment, and Clinical Alzheimer-Type Dementia: A Systematic Review），http://annals.org/aim/article-abstract/2666419/over-counter-supplement-interventions-prevent-cognitive-decline-mild-cognitive-impairment

7. 2018年1月，《内科学年鉴》《认知功能训练能防止认知功能衰退吗？》（Does Cognitive Training Prevent Cognitive Decline?: A Systematic Review），http://annals.org/aim/article-abstract/2666420/does-cognitive-training-prevent-cognitive-decline-systematic-review

阿尔茨海默病的预防和疗法（下）

1. 2017年11月，《美国老人医学协会期刊研究报告》《老年人使用唑吡坦与阿尔茨海默病风险的关系》（The Association Between the Use of Zolpidem and the Risk of Alzheimer's Disease Among Older People），https://www.ncbi.nlm.nih.gov/pubmed/28884784

2. 2012年9月《苯二氮卓类药物的使用和失智症的风险：基于前瞻性人群的研究》（Benzodiazepine use and risk of dementia: prospective population based study），https://www.bmj.com/content/345/bmj.e6231

3. 2014年9月《苯二氮卓类药物的使用和阿尔茨海默病的风险：病例对照研究》（Benzodiazepine use and risk of Alzheimer's disease: case-control study），https://www.bmj.com/content/bmj/349/bmj.g5205.full.pdf

4. 2015年10月《苯二氮卓类药物的使用和发生阿尔茨海默病或血管性痴呆的风险：病例对照分析》（Benzodiazepine Use and Risk of Developing Alzheimer's Disease or Vascular Dementia: A Case-Control Analysis），https://www.ncbi.nlm.nih.gov/

pubmed/26123874

5. 2017年3月《苯二氮卓类药物的使用和发生阿尔茨海默病的风险：基于瑞士声明数据的病例对照研究》（Benzodiazepine Use and Risk of Developing Alzheimer,s Disease: A Case-Control Study Based on Swiss Claims Data），https://www.ncbi.nlm.nih.gov/pubmed/28078633

6.《财富》杂志2017年10月《一种新的免疫疗法能解答阿尔茨海默病药物的魔咒吗？》（Could a New Immunotherapy Medical Approach Break the Alzheimer's Drug Curse?），http://fortune.com/2017/10/24/alzheimers-abbvie-immunotherapy-deal/

7. 2016年8月31《自然》期刊《抗体aducanumab减少阿尔茨海默病的Aβ斑块》（The antibody aducanumab reduces Aβ plaques in Alzheimer's disease），https://www.nature.com/articles/nature19323

8.《从清除Aβ斑块免疫疗法治疗阿尔茨海默病学到的教训：瞄准一个会移动的靶》（Lessons from Anti-Amyloid-β Immunotherapies in Alzheimer Disease: Aiming at a Moving Target），https://www.ncbi.nlm.nih.gov/pubmed/28787714

9.《阿尔茨海默病临床实验的候选药物》（Drug candidates in clinical trials for Alzheimer's disease），https://jbiomedsci.biomedcentral.com/track/pdf/10.1186/s12929-017-0355-7?site=jbiomedsci.biomedcentral.com

胆固醇，是好还是坏？

1. 2013年美国心脏协会降低心血管疾病风险的建议，https://www.ncbi.nlm.nih.gov/pubmed/24239922

2. 2015年8月论文结论：食物中的胆固醇是否会增加心血管疾病的风险，无法得到确认。Dietary cholesterol and cardiovascular disease: a systematic review and meta-analysis，https://www.ncbi.nlm.nih.gov/pubmed/26109578

3. https://health.gov/dietaryguidelines/2015/resources/2015-2020_Dietary_Guidelines.pdf

4.《美国饮食指南》（2015-2020）内文链接，https://health.gov/dietaryguidelines/2015-scientific-report/pdfs/scientific-report-of-the-2015-dietary-guidelines-advisory-committee.pdf

5. 2016年1月，"美国责任医师协会"状告美国农业部内容，https://www.pcrm.org/news/news-releases/physicians-committee-sues-usda-and-dhhs-exposing-industry-corruption-dietary

6. 地中海饮食的中文介绍，http://ryoritaiwan.fcdc.org.tw/article.aspx?websn=6&id=882

50岁以上的运动通则

1.关于运动肌肉不平衡的文章，https://philmaffetone.com/muscle-imbal/

2.哈佛大学《想活得更久更好？重量训练》（Want to live longer and better? Strength train），https://www.health.harvard.edu/staying-healthy/want-to-live-longer-and-better-strength-train

阿司匹林救心法

1. 1999年阿司匹林研究，https://www.ncbi.nlm.nih.gov/pubmed/?term=aspirin+chew+texas

2. 哈佛大学药学院《阿司匹林救心，用嚼的还是用吞的？》（Aspirin for heart attack: Chew or swallow?），https://www.health.harvard.edu/heart-health/aspirin-for-heart-attack-chew-or-swallow

3. 梅友诊所《日常阿司匹林疗法：了解好处与风险》（Daily aspirin therapy: Understand the benefits and risks），https://www.mayoclinic.org/diseases-conditions/heart-disease/in-depth/daily-aspirin-therapy/art-20046797

4. 2015年4月《世界日报》编译，元气网转载，https://health.udn.com/health/story/6012/861954

5. 哈佛大学药学院《肠溶型阿司匹林引发的肠胃出血》（Gastrointestinal bleeding from coated aspirin），https://www.health.harvard.edu/press_releases/gastrointestinal–bleeding–from–coated–aspirin

Part 4
书本里的伪科学

似有若无的褪黑激素"奇迹"疗法

1. 2014年综述论文《褪黑激素，黑暗的激素：从睡眠促进到伊波拉病毒治疗》（Melatonin, the Hormone of Darkness: From Sleep Promotion to Ebola Treatment），https://www.ncbi.nlm.nih.gov/pubmed/?term=Melatonin%2C+the+Hormone+of+Darkness%3A+From+Sleep+Promotion+to+Ebola+Treatment

2. 2017年4月《褪黑激素的膳食来源与生物活性》（Dietary Sources and Bioactivities of Melatonin），https://www.ncbi.nlm.nih.gov/pubmed/28387721

备受争议的葛森癌症疗法

1.《乔许·艾克斯在Dr. Oz电视节目胡说八道》（Josh Axe D.C. Spewing a Bunch of Nonsense on the Dr. Oz show），http://www.overcomeobesity.org/overcome–obesity/research/josh–axe–d–c–spewing–a–bunch–of–nonsense–on–the–dr–oz–show/

2.《偶然中毒，乔许·艾克斯被揭穿》（Axe-idental Poisoning，Josh Axe

Debunked），https://badsciencedebunked.com/2015/12/08/axe-idental-poisoning-josh-axe-debunked/comment-page-1/

3.《乔许·艾克斯"博士"在思考抉择下一个假博士学位》（Dr. Josh Axe debating which fake doctor degree to get next），http://thesciencepost.com/dr-josh-axe-debating-which-fake-doctor-degree-to-get-next/

4.《自然疗法有太多的庸医》（Naturopathic medicine has too much quackery），https://www.naturopathicdiaries.com/naturopathic-medicine-quackery/

5. 布丽特·玛丽·贺密士在"科学医药"发表关于自然疗法的文章，https://sciencebasedmedicine.org/author/britt-marie-hermes/

6. 2015年3月6日，澳洲新闻报道"健康斗士"去世的消息，https://www.news.com.au/lifestyle/real-life/true-stories/wellness-warrior-jess-ainscough-dies-from-cancer/news-story/ce77d293a658e4d6b33c4ec33a6a3d6e

生酮饮食的危险性

1. 2017年5月《营养》期刊，《生酮饮食对心血管危险因素的影响：动物和人类研究的证据》（Effects of Ketogenic Diets on Cardiovascular Risk Factors: Evidence from Animal and Human Studies），http://www.mdpi.com/2072-6643/9/5/517

2. 2015年8月13日《国家健康研究院的研究发现削减膳食脂肪比削减碳水化合物更能减少身体脂肪》（NIH study finds cutting dietary fat reduces body fat more than cutting carbs），https://www.nih.gov/news-events/news-releases/nih-study-finds-cutting-dietary-fat-reduces-body-fat-more-cutting-carbs

3.《减少同样卡路里的情况下，饮食脂肪限制比碳水化合物限制更能导致肥胖人体脂减少》（Calorie for Calorie, Dietary Fat Restriction Results in More Body Fat Loss than Carbohydrate Restriction in People with Obesity），https://www.cell.com/cellmetabolism/pdf/S1550-4131（15）00350-2.pdf

"救命饮食"真能救命？

1.批评救命饮食的参考文章

（1）http://www.raschfoundation.org/wp-content/uploads/Cornell_Oxford_China-Study-Critique.pdf

（2）https://sciencebasedmedicine.org/385/

（3）https://sciencebasedmedicine.org/the-china-study-revisited/

（4）https://farmingtruth.weebly.com/china-study.html

（5）https://proteinpower.com/drmike/2010/07/27/the-china-study-vs-the-china-study/

（6）http://anthonycolpo.com/the-china-study-more-vegan-nonsense/

（7）http://www.cholesterol-and-health.com/China-Study.html

（8）https://deniseminger.com/2010/07/07/the-china-study-fact-or-fallac/

（9）https://www.thehealthyhomeeconomist.com/the-china-study-more-flaws-exposed-in-the-vegan-bible/

间歇性禁食，尚无定论

1. 2018年6月29号，哈佛大学药学院《间歇性禁食：惊人新发现》（Intermittent Fasting: Surprising update），https://www.health.harvard.edu/blog/intermittent-fasting-surprising-update-2018062914156

2. 2018年5月20号，《今日医学新闻》《二型糖尿病：间歇性禁食可能增加风险》（Type 2 diabetes: Intermittent fasting may raise risk），https://www.medicalnewstoday.com/articles/321864.php

3.独立媒体2018年5月，王伟雄，间歇性禁食，https://www.inmediahk.net/node/1056996

减盐有益，无可争议

1. 2018年8月元气网，《多吃盐会引起高血压？高血压研究权威推翻"盐分＝不好"观念》，https://health.udn.com/health/story/6037/3298985?from=udn_ch1005cate5684_pulldownmenu

2. 2014年《饮食盐分摄取与高血压》（Dietary Salt Intake and Hypertension），https://www.ncbi.nlm.nih.gov/pmc/articles/PMC4105387/

3. 2015年《世界减盐倡议：全球目标步骤系统性评估》（Salt Reduction Initiatives around the World – A Systematic Review of Progress towards the Global Target），https://journals.plos.org/plosone/article?id=10.1371/journal.pone.0130247

4. 2015年《高钠会造成高血压：临床实验和动物实验的证据》（High sodium causes hypertension: evidence from clinical trials and animal experiments），https://www.ncbi.nlm.nih.gov/pubmed/25609366

5. 2016年《膳食中的钠与心血管疾病风险：测量很重要》（Dietary Sodium and Cardiovascular Disease Risk – Measurement Matters），https://www.nejm.org/doi/full/10.1056/NEJMsb1607161

6. 2017年《了解全人类减盐计划背后的科学》（Understanding the science that supports population - wide salt reduction programs），https://onlinelibrary.wiley.com/doi/abs/10.1111/jch.12994

酸碱体质，全是骗局

1. 新闻报道"酸碱体质骗局，pH Miracle作者遭罚1亿美元"，http://www.gbimonthly.com/2018/11/35302/?fbclid=IwAR0Psu24ecjxKwDQbzuzZVktDrpX4Y8uOsR5

c1wSDpRUqX1UsmigD8qwaHQ

2. 四篇关于酸碱值的辟谣文章：

（1）http://www.twhealth.org.tw/index.php?option=com_zoo&task=item&item_id=811&Itemid=22

（2）http://www.gov.cn/fwxx/kp/2013−05/17/content_2404607.htm

（3）http://discover.news.163.com/special/acid_alkaline/

（4）http://www.webmd.com/diet/a−z/alkaline−diets

3. 医疗信息网站WebMD文章《你是蚊子吸铁吗？》（Are You a Mosquito Magnet?），https://www.webmd.com/allergies/features/are−you−mosquito−magnet#1

4. 2004年关于白线斑蚊偏爱降落的血型皮肤论文，https://www.ncbi.nlm.nih.gov/pubmed?Db=pubmed&Cmd=ShowDetailView&TermToSearch=15311477&ordinalpos=3&itool=EntrezSystem2.PEntrez.Pubmed.Pubmed_ResultsPanel.Pubmed_RVD